イージス・アショアは いらね〜

市民運動の足跡

佐々木　勇　進

目次

第二章　今を生きる人たちの叫び　（原稿到着順）

表紙の絵は映像作家
有原誠治氏提供

刊行に寄せて

元秋田大学工学資源学部准教授　福留高明

近年はデジタル化が進み、紙媒体での出版物が少なくなりつつある。デジタル出版にもそれなりの長所があるが、あまりにも大量の情報に埋もれてしまい、掘り起こすのにむしろ難儀する。我が国ではほとんどの刊行物を国立国会図書館に永久保存する手段が整備されており、こうした記録を百年後・千年後という後世の人びとに末永く伝えるにはやはり書籍というかたちが最もふさわしい。それゆえ、このたび本書が自費出版という高いコストを覚悟しても刊行されるに至ったことの意義はけっして小さくない。

住民運動の舞台となった秋田市新屋地区はかつて「百三段(ももさだ)」とも呼ばれていた。アイヌ語のモムサンドイが語源という説があり、川尻の荒れた土地を意味するらしい。まつろわぬ民・蝦夷(えみし)の人びとの時代から今日に至るまで、この荒地を人の住める土地に変えていくための努力は並大抵ではなかったに違いない。その代表が、飛び砂災害に悩まされてきた住民を救うために江戸末期に秋田藩士栗田定之丞がおこなった砂防事業である。また、約１２００年前の天長大地震で雄物川に流された観音像が３５０年ののちに海から引き上げられ、太平洋戦争後、二度と戦争をしてはいけないという思いを込めた平和のシンボルとして、地元の篤志家により再建立された。その場所が平和主義と対峙する自衛隊演習場のすぐ南の地だというのは、平和というのは土地づくりと同様、人びとの努力によって創り出すものであるという示唆を含み、とても象徴的である。新屋地区というのはこうした民衆史の豊かな土地柄である。このたびの本書刊行がこの民衆史に新たな1ページを付け加えることは間違いない。ついでに申せば、この民衆史にもう1ページ加えたいのが、秋田公立美大に通っていた長門あゆみさんが、卒業式の答辞の中で予定していた、「イージス・アショアは決して無視することのできない問題である」という旨の部分を、大学側が強制的に削除したという事件。『アーティストの使命』という当たり前の認識をみじんも持っていない大学当局の姿勢には唖然とさせられた。新屋に住む人びとは、イージス・アショアという、それまで言葉すら耳にしたことのなかったこの〝厄介もの〟が、まさか自分たちの身に降りかかってこようとは予想だにしなかったことであったろう。どうしたらこの〝厄介もの〟を振り払うことができるのか、それどころかその真の正体をあぶり出すにはどうしたらいいのか、かいもく見当すらつかないままに、身の処し方を決めなければいけない状況に追い込まれていた。――それが、配備候補地・新屋に住む人びとの率直な気持ちだったに違いない。そうした手探り状態のまま、この反対運動は始まった。その当時の様子が皆さんの稿の一字一句に如実に現れているのを読み取ることができる。今回のイージス問題に際して、興味深い出来事があった。私がフェイスブックに「なぜ秋田と山口か?」という素朴な疑問についての分析をおこなった記事を書いた折、どちらかといえば平和運動とは対極にあって軍備強化を常々主張している側の方々からも配備反対の声が寄せられたのである。その理由は、「なぜ我々の血税でよその国を守らなきゃいかんのか!」だった。同様の声は防衛省内部制服組の一部からもあったと聞く。イージス・アショア配備の真の意図を見抜くことができれば当然のことかもしれない。本著は、素手での土地づくり・平和づくりに携わってきた、名も無き人びとの心の叫びを記録したものである。ぜひ多くの人たちに読んでもらいたい。

はじめに

2017年11月12日、秋田魁新報は、秋田県と山口県にイージス・アショア配備の候補地と報道した。同年12月19日、2基の導入は秋田県と山口県を検討と閣議決定した。

2019年5月27日に、防衛省が適地調査報告書を公表、秋田県と山口県に伝達した。

同年6月5日、秋田魁新報は、「適地調査、データずさん」と報道。

同年6月8日、勝平コミセンの調査報告書の住民説明会で居眠り発覚。

2020年6月15日、河野防衛大臣「配備計画の停止」を表明する。

この2年半のあいだ、秋田県と山口県の住民は精神的苦痛や不安を抱えながらも、自分たちのより良い方向性を導き出すために、多くの声をあげながらも防衛省に翻弄されてきた。

この間の闘いは、寝ても覚めてもイージス・アショアの事で走り回った住民の、貴重な歴史の事実として残すべきものと考え、活動の記録集とした。

初めての上梓なので、読者に分かり易く書く自信はないのだが、地上イージス配備の問題が時間の経過とともに、いつか話題にされなくなり忘れさられないように、地上イージス配備撤回の闘いに毎日明け暮れした地域住民として、当事者として、経過を残す責任があり、平和とはどういう事なのか、国を守るとはどういうことなのかその思いを記した。

日本人として、いや秋田県民としていやおうなしに政治に向き合わざるを得なかったその心境についてふれながら考えてみることにした。

私の出身は秋田県大仙市太田町横沢と言うところにある、俗にいう開拓部落というところの出自だ。そこは終戦後の引揚者のいくあてのない人々の生活の場として入植したのと違い、秋田藩主佐竹氏の悲願であった食糧増産のための田沢疎水開田計画があり、幾多の苦難を乗り越え、昭和12年に国策として引き継がれている。私の両親は昭和16年に入植開墾している。両親は牛馬のような想像を絶する生活をしている。私はそこで生まれて、両親が自然と格闘する姿を見て育った。

　両親の生活はさておき、私の衣食住は乏しかったが、誰からも拘束される事なく、両親の働きを手伝い、自然の中でその恵みも受け、自由にのびのびと生きてきた。いやむしろ自然に生かされてきたのかも知れない。そうする事がいずれ人々の廉潔となり、皆が幸せになると信じてきた。開拓部落の皆もそう信じて矜持してきた事と思う。この生い立ちが自然でのどかな勝平に定住した動機だ。

　自衛隊新屋演習場が、我が家から３５０ｍのところにある現実は認めつつ、子供たちとかつては演習場を散歩した。

　それがある日突然に、北朝鮮の攻撃から日本を守るためにとして、イージス・アショア（資料1）が新屋演習場に配備されるとの大事件が起きた。

　防衛省の新屋演習場配備の根拠として遮蔽物がない、電力・水道が安定供給される、敷地が1㎢の広さがある、電磁波による人体への影響や発射などの衝撃がない、万が一の場合にそなえて影響が生じないよう配置することが見込まれるというものだった。

　もし配備される事になれば最も近いところに住んでいる住民として、防衛省の立場はよく分かった。いろいろ言いたい事はあるが、我慢する事にするとは普通はならないだろう。何故なら何も知らない孫や子供たちに説明できないし、ここから転居したくないからだ。そこから配備撤回の運動が始まった。

第一章　人はなぜそこに住み続けるのか

■勝平地区への思い

２０１４年7月に安保法制（案）（資料２）が閣議決定され、２０１５年には、９月の国会で多数決で承認するという情報が流れた。

この事は日本の防衛についての方針が、「対外的な紛争の解決には武力ではなく話し合いによる解決である」という日本国憲法の戦後の歩みを根本的に変えるもので、これからの日本の針路について国民に強烈にアピールし、誰もがどうするか判断を迫られる事になった。

私は１９４５年（昭和20年）生まれで、新しい憲法の基で教育を受け、まじめに働き希望ある将来を自由に想像し、友人、知人やすべての人達と楽しい豊かな生活が日々送れると信じて生活してきた。ましてや戦争する事など全く考える事なく育った。

安倍元首相の度重なる戦争できる国への変更のための憲法９条改憲の発言が、いちいち気になり腹ただしく思っていた。毎日マスメディアから流れる安倍内閣のやりたい放題の政治に、私と妻はうんざりし、その都度テレビのスイッチを切るだけではイライラは解決しないし、何か抵抗のアクションをしなければと思い悩んでいた。

閣議決定は多くの国民を政治に目を向けさせ、奮い立たせた。私と妻はそのうちの２人だがよくいう歴史の弁証法だ。

　この閣議決定が、私と妻の行動の契機となり、2015年7月から週3回朝に勝平地区の繁華街といわれている豊町の交差点でスタンディングを始めた。「安保法制関連法案（戦争法案）反対」とベニヤ板に墨で自筆で書いたのだが、義父が書道家であったので道具一式はすぐに手に入った、太字で書くのは初めてだが、とにかく一人でも多くの人に知ってもらいたいとの一心で書き、誰もが初心者の字だなとわかるもので、通行人にはかえって目立ったことだろう。とにかく訴えようとする気概は伝わったと思っている。

　スタンディングは70歳の若者と自負する私には、若者のような行動は暑い日差しの7月には週3回は無理であった。8月からは週1回にする事に。

　この間に、この行動に参加する仲間が少しずつ増え、毎週金曜日の朝、5～6人で行うようになりその後10人になった。

　妻と2人の時のスタンディングは、継続する事がいちばん大事な事との思いから、正直言ってやめられない事への苦痛の連続であった。人数が増えた事によって精神的に大変楽になりさらに継続する自信となった。

　その後、戦争に結び付く共謀罪（資料3）や特定秘密法（資料4）なども同様にその内容を宣伝した。

　通行人は、全く関係ないと思っているのか、興味を持ち始めているのか、反応を示したくても、恥ずかしくてしないのか、反応はほとんど変わらなかった。その方々の心の中は見えないが、諦めずに続けるしかないと決意を新たにした。

　2017年11月に秋田魁新報が秋田県と山口県にイージス・アショア候補地と報道した。しかし、政府はこの報道される以前から配備の準備を着々と進めていたように思われる。

　2017年1月に当時の稲田元防衛大臣が、グァムの米軍基地でミサイル迎撃システムを視察している。同年3月には男鹿市で政府が計画した弾道ミサイル避難訓練をしている。これはいかにも北朝鮮が秋田をミサイル攻撃するという情勢をつくり意図的にしたと思われる。8月には日米安全保障協議委員会で、日本がイージス・アショア導入を検討している事が判明した。

政府は国民が反対するであろう施策は、まず間接的な事を少しずつ流しながら国民の反応を見て又次を流す、それに関係する首長と住民がどう動くかを注視する、多くの国民が知らない間に事を進めてしまう、作戦上手といえばそれまでだが、これが権力者の常套手段だ。私たち国民は騙されてはいけないのだ。騙される前に政府の本音を早く見抜き多数派にしていく事が重要だが、それはなかなか難しい事だ。


戦争好きな人が私の枕元に爆弾を持ってきて、「ここに置くことにした、どうかたのむ」と言った。

「いやだ」と言ったら「我慢しろ」と言った。

それでも「いやだ」と言った。

すると「おまえは、みんなの為にやっている事をぶち壊すのか」

それでも「いやだ」と言った。

すると「おまえは特別な人間か」と言った。

「違う私だってみんなのうちの1人だ」、人が気持ちよく寝ているところに突然来て枕元に爆弾を置くのを「がまんしろ」と言うのは人の言う事ではない、でなければ「犬畜生だ!」と大声でさけんだ、側で妻が「過激な発言だな」と言った。

そこで私は目が覚めた。


私たち有志は、イージス・アショア配備は地元住民にけっしてプラスになる事は無いとの思いから、マスコミ報道の翌2017年12月からイージス・アショア配備反対一点に絞り、街頭から訴えとスタンディングを行い、多くの市民に運動に立ち上がろうと継続して呼びかけた(この頃にはスタンディング参加者は10人になった)。

安保法関連法案(戦争法)や盗聴法(資料5)・共

謀罪（資料3）特定機密法案保護法（資料4）などの内容について、宣伝している時の通行人やドライバー等の反応は、以前より反応が少し変わり知人と目が合えば会釈するぐらいで、珍しそうに見ていく者もおり、多くは無関心のような態度であった。

私は前を行くドライバーを見て、態度を明らかにしないのは、おそらく県民性として自分の表現がうまくできない、まわりが気になる、毎朝宣伝している人たちはよく頑張っている、この人たちに感謝しているなどと心の中では思っているだろうと、勝手に前向きにとらえ、何かのきっかけで必ず理解してくれるだろうとの思いを込めて立ち続けた。

マイクを握りながら、通行人・ドライバーに皆さんの友人、知人、職場やサークル、町内会等でイージス・アショアの事を機会あるごとに話題にして欲しいと呼びかけ、私たちの生活に直接かかわりの有る事を思い描きながら必死に訴え続けた。

私たちは、イージス・アショアの学習していくうちにとんでもない事が起きていることを強く感じた、これを許せば、私達の日々の生活や地域社会が崩壊していく事は間違いないだろう。防衛省は戦争する事を前提にイージス・アショア配置を考えており、万が一の場合は、最初に攻撃され戦争の犠牲者に必ず成るだろう。

今の私たちの日常生活用品すべてと言っていいほど、電磁波、低周波などを活用した生活に浸っており、どこへ行っても電波を浴びて生活をしているといっても過言ではない。その為に、日本では電磁波過敏症といわれる病気で苦しんでいる人達が約150万人いると言われている（電磁波・化学物質過敏症体策＝加藤やす子　著）。

その数万倍の強力な電磁波を、24時間休みなしに発することへの不安がある。住宅に近い場所にミサイル基地を配備される事への不安、テロ攻撃からの不安、生活のすべてが24時間監視される監視社会のストレス、物量作戦による地域社会の分断など、地域住民にさまざまな問題を引き起こすことが考えられる。

　この勝平地区の、静かで緑と海と川に囲まれた街が一変してしまい、つらい毎日になっていく事が予想された。


　地域住民のイージス・アショアに対する意見の聞き取りでさまざまな意見があった。ある若い夫婦は「ここが子供にとって一番良いと思ってローンで住宅を建てたが他へ移る事もできない」と悲痛な気持ちを訴えている。幸せな家庭が突然に悪魔の空気につつまれたようで不安という。

　国のやることや政治の行いが、直接自分たちに影響があると実感したのはイージス・アショアだけだろうか、給料や勤務時間、年金や健康保険、教育や老後の生活だって、政府のやり方によっては自分に跳ね返ってくるのに不満はないのだろうか、あっても我慢しているだけなのか。又、アパート経営者や不動産業者からも一斉に不安が出された。空室が増えて困る、土地の値段が下がり商売にならない、子供への健康被害が心配だ。

　一方、防衛省関係の人や家族がきて人口が増える、仕事が増えて経済効果が良くなる、国を守るためには必要であり我慢するしかないなど、実に多様な意見があった。これらの意見は、その声を大事にして配備撤回の運動の流れにどの様にすれば参加してくれるだろうか。運動への不安はいつもあった。

■勝平地区とは

　2018年8月にテレビ朝日から、報道ステーションのディレクターとカメラマン3名が、地元でイージス・アショア配備撤回の運動している「イージス・アショアを考える勝平の会」の名前を伝え聞いたのだろう、新屋演習場に一番近い所に住んでいる我が家に来た。

　演習場を案内しながら約3時間近く取材を受けた、テレビ朝日では同年8月に2度にわたってイージス・アショアを報道し、山口県のむつみ演習場とともに近隣住民の反対している活動を、報道ステーションで全国報道した。

　この時マスコミの影響の大きさを実感した。詳細については「マスメディアの役割について」の項で述べているが、この報道によってイージス・アショアの配備予定地で、地域住民が反対運動している事が全国的に知れ渡った。

現地視察者に説明する筆者（右端）

　これを契機に、イージス・アショアを考える「勝平の会」への、県内外のマスコミ各社や市民団体・労働組合など多数の団体の取材と視察が殺到した。

　その後視察におとずれた多くの団体が地元住民との意見交換をしている。

　私達「イージス・アショアを考える勝平の会」（2018年1月結成、以後勝平の会という）では視察者を新屋演習場に案内した後、必ず寄る場所がある、演習場から約1kmのところに石山観音様（資料6）という地元では平和観音と呼んでいる公園だ。

　夕陽の見える街として、住民に愛されている小さな丘になっている。そこは水平線に沈みゆく太陽が一番良く見える場所だ。今日一日中この地上を照らし続けた太陽が、その日の最後の力をふり絞って強く大きく輝き、何もかも忘れて私を見てくれと言っているようだ。その日の疲れを取り払ってくれる海風が木の葉をなびかせて、そこにいる全ての生き物をおおいながら過ぎていくのだ。

水平線から黄金色の橋が夕陽に連なり、この橋を渡ってきて、もっと近くで見てくれ早く来なければ、私は水平線に溶け込まれてしまうと言っているように聞こえる。私はいつもそこに吸いこまれるような思いになり、「幸せ」を色で示すならあかね色が最高で、明日もガンバロウと言う気になるのだ。

【ここは地元では平和公園と言っている、右側の海岸線に突き出た半島の先の高い山が、男鹿半島のなまはげが住んでいる本山（海抜715m）で、左側の海岸添いの奥にそびえ立つ山は、鳥海山といい形が富士山に似ているので秋田富士と言われています。山形県からは出羽富士と言われているそうです。高さは2236mあり東北では2番の高さです】と説明し、時間があればこの勝平地区の歴史についても簡単に次のように触れます。【すぐ左側の下を流れている河口は、人工の河で日本海の交易で、秋田県の内陸部に物資を運搬する雄物川が上流から流れてくる土砂で浅くなり、船の航行が困難になった事や、集中豪雨のたびに川が氾濫し住民を苦しめていたそうです。それを解決するために、蛇行している雄物川を海へ流れるように、一直線にするために今私達が立っている丘を切り崩して造った放水路です、長さが約2㎞川幅が約800mあり、1917年（大正6年）から約22年かけて途中戦争で中断があったようですが200万人動員し造った国の大事業であった。】

この「雄物川放水路」の計画地の上に海水浴場があった。全県から年間15万人も訪れていた当時では大リゾートであった。地元の醸造家渡辺幸四郎氏が地元有志と相談して「海水館」と言う宴会や宿泊が可能な施設を建てている。その後、この周辺の浜辺には展望台や更衣室、各種運動機械施設が並び、当時の日本では「海水浴」は健康法と言われていたそうで、連日にぎわっていたそうだ。それが、「雄物川放水路」の工事で無くなったそうだ。もしこれが続いていれば、現在はどうなっていただろうか。海辺の大きなリゾート都市になっていたかもしれない。

現在は雄物川河口や沖合は魚貝類の宝庫で、地元の漁業組合にお願いして、子供会などが地引網をしていた。子供たちが必死になって網を引く姿が何と頼もしく、網に魚がたくさん入る事を願いながら一緒に引いたものだ。大人はとれた魚を料理してビールを飲む、こんな時代があった。

河口周辺にはキス・シーバス・ハゼ・スズキ・ヒラメなど日本海で生殖している海産物の大半が獲れ、県内外から釣り人が集まるそうだ。

私は釣は趣味ではないのだが、釣り人は時間に余裕があるから来るのではないらしい。経済的な理由でもないらしい。私には理解できないが魚の気持ちが判るらしい。人で言えば、好きな人のそばに何げなく近づき、目と目が合った瞬間のあのときめきのようなものを求めていくのではないだろうか。とにかく何をさておき釣に出かけるそうだ。

自然を楽しむ会、ＮＰＯパドラーズなどさまざまな市民団体、中・高校生が、河口周辺や三角沼の清掃活動していて、釣り人にとっては魅力的な場所となっている。この海岸線は、今は松の木の緑で連なってきれいに見えますが、中世の頃は砂山で埋めつくされていたそうだ。

江戸時代の１８０７年に秋田藩の栗田定之丞という下級武士が、藩財政の録高を上げる事と、当時すでに外国船が日本海に出没する事件もあり、砂山に掘っ建て小屋建て、そこに住み、監視役しながら、長年風砂の被害に苦しんでいる海辺に住む新屋集落の人々の生活の安定のために藩の命により、砂防林事業を始めている。

現在の能代市から旧岩城町までに延べ20万人の作業員と３００万本の植林事業を行い、終わるまで約20年の歳月をかけている。

最初の10年は失敗の連続であったそうだ。その後住民がその偉業をたたえ栗田神社が建てられ、戦後まで植林を続けたと聞いている。海岸線の緑のベルト地帯はその証だ。植林の神様として小学校の教科書に載っていたそうだ。

私がこの地に住んだのは１９７６年（昭和51年）。我が家の東側３００ｍのところに勝平小学校があり、北側の隣地が秋田商業高校の建設予定地だった。西の海側３５０ｍのところに、松林に囲まれた状態で自衛隊の新屋演習場があり、その頃は自衛隊が演習するということはあまりなく、私は子供と一緒に散歩したものだ。きのこを取る人が自由に出入りしていたものだ。

私がこの地に住んだ時に「すみよい割山をつくる会」（当時は勝平地区を割山と言っていた）という地元有志の市民団体があり、この地区を平和で豊かなすみよい街をつくろうというスローガンのもと、地元住民の意見を聞き、まちづくりに生かすよう提言している。

この会が、勝平地区で初めて割山夏祭りを広い児童公園で行い、綿あめ、金魚すくい、くじ付菓子、子供ののど自慢など子供たちの楽しむものを計画し、子供たちは毎年楽しみになるようになり9年間続いていた。その子供たちは今40代となって、地元で生活している人がいる。この行事の内容が勝平地区振興会の行事に影響を与え、各町内の盆踊りには、子供たちの喜ぶ屋台も作られて、町内の行事として広まっていった。

又、厳寒時に雄物川河口にかかる約５８３ｍの雄物新橋を、川向うの新屋地区の日新中学校（現在は西中学校になっている）に歩いて通う子供たちを不びんに思う母親たちと、勝平地区振興会と同一歩調をとりながら、この勝平地区に中学校建設の運動を展開している。今は新屋演習場から５００ｍのところに勝平中学校が建設されている。又、今では年間30万人も県内外から訪れる近くの大森山動物園に、「象とキリンを」との願いをお母さんたちと連携し、いずれも実現するなど運動をしていた。

その影響があったかどうかは定かではないが、当時の勝平地区振興会の役員が振興会の新年の会報に、勝平地区の将来の夢として自衛隊新屋演習場に総大な総合福祉エリアの建設をと投稿し、豊かで長生きできる楽しい人生を送りたいと述べている。この勝平地区は新しい街の将来像を描ける場所だった。

勝平地区は、西側の海と東側を流れる旧雄物川と海に連なる運河で囲まれており、勝平地区に入るにはその川にある7本の橋を通らなければならない島となっており、何をやるにしても独特なまとまりのある地域となっている。

自家用車で県庁・市役所まで約10分、駅まで約20分と交通の便がよく、住宅が増えてきたものと思われる。新屋勝平地区は自衛隊の新屋演習場の境界のところから約2㎞四方に5，400世帯が連なり13，000人がくらしている住宅密集地となっている。

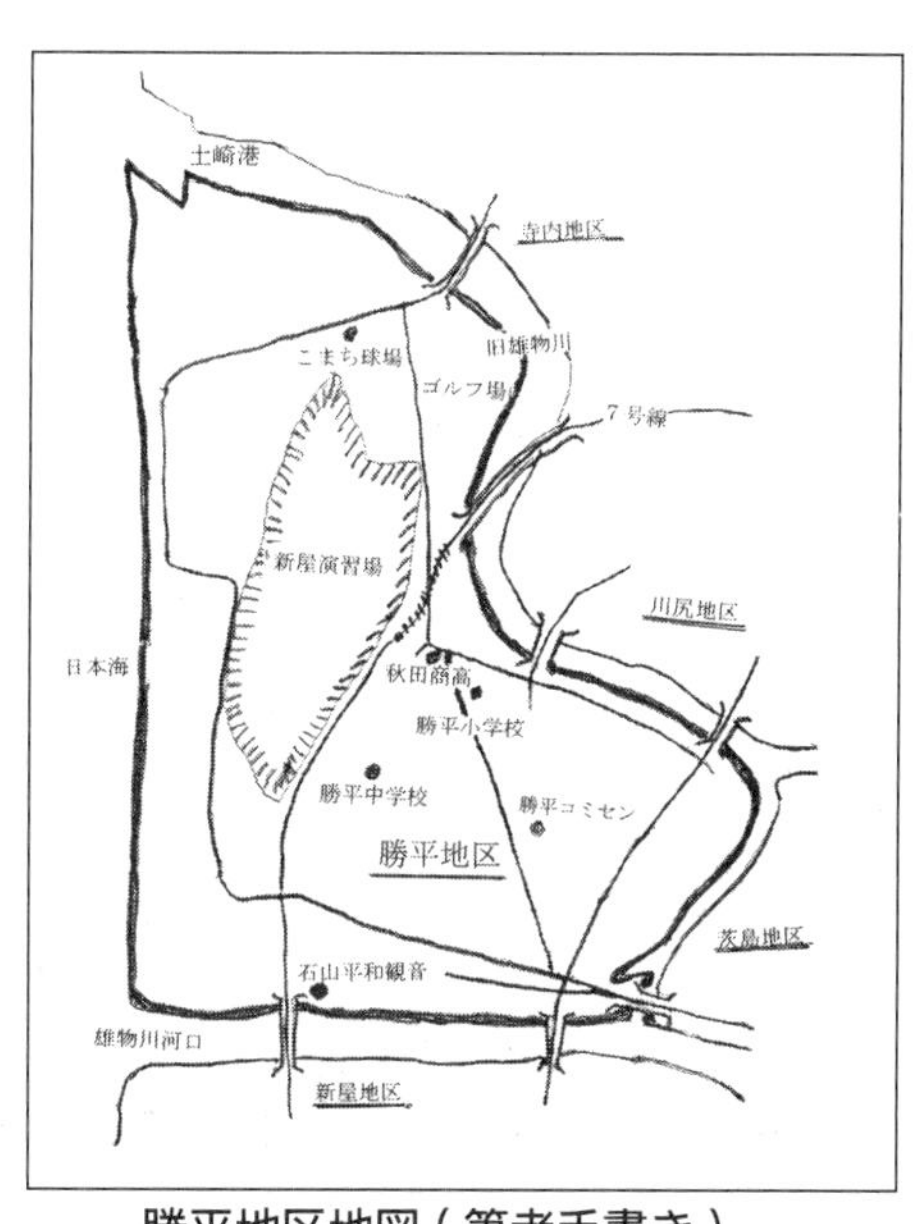

勝平地区地図（筆者手書き）

緑と太陽
美しい大地を求めて
あなたとそれに仲間たちと
仲良く希望を育て
暮らす夢をみて
この地にたどり着いた

■イージス・アショアを考える勝平の会結成

私たち勝平地区の有志は、2017年11月12日の「イージス・アショア、秋田と山口が候補地」と秋田魁新報の報道直後から朝の街頭からの訴えとスタンディングを行った。

12月6日は秋田市平和委員会と勝平コミセンで学習会を開催し意見交換し26名の方々が集った。その内容はイージス・アショアの機能や住宅に対する予想される被害についてのみならず、運動としてどう広めるという事も話され、それは真剣そのものだった。

私たちはすぐ配備反対に立ち上がったが、勝平住民の多くはイージス・アショア配備に対して、反対して闘うべきか、不安をかかえながらの生活に我慢するか、転居するべきか迷い模索したに違いない。

勝平コミセンは1980年（昭和55年）9月に開館し、2012年（平成24年）9月に改築され地区の中心部に位置し、約200名収容できる体育館の他、日本間や実技室、児童センター（学童保育）からなり地区住民の趣味などサークルが利用し、地区住民の交流の場となっているところだ。

12月8日には秋田市文化会館で秋田県革新懇が、元参議院議員の小泉親司氏を呼んで学習会を開催し全県から約200名が参加した。

核抑止力論はお互いに相手国も核抑止力論にたち、相互に不安と不信という一種の妄想の中で軍拡競争に明け暮れ、無理心中の関係に陥っていると指摘し、日米関係は軍事同盟によって、アメリカの視点からしか国際関係を見る事ができない精神構造になっていると俯瞰して論じた。

暮れのさしせまった頃、勝平地区振興会の副会長（私の居住している勝平台町内会会長でもある）から電話があった、それはこの勝平地区のイージス・アショアについての取り扱いついて、相談したいとのことであった。年末の12月27日に勝平コミセンで、私をふくめ振興会の役員3名と労働組合の役員の方と計5人で話し合った。5人はイージス・アショア配備反対で一致している訳ではなかったが、勝平地区振興会（16町内とその他の団体で構成）に対してどんな形でイージス・アショアについての理解を深めていただくかを話し合った。

それとは別に2018年1月15日に勝平コミセンで、はっきり目標を持って活動し地域にその方向性を明らかにするために、「イージス・アショアを考える勝平の会」を結成した。

申し合わせ事項は次の様にまとまった。（一部割愛）

○勝平地区にミサイル基地建設を許さない活動をする。

○情報を共有し、学習に努める。

○街頭宣伝等を行い個人や様々な団体にその趣旨を広める。

○署名活動を行う。

○財政は募金による。

「勝平の会」の活動は、会員の日々の生活が闘いの場となり子々孫々の闘いとなる事を確認し、同時に会の共同代表に近江幸義・荻原輝男・高坂昭一・佐々木勇進の四人を選出した。

「勝平の会」結成までの間、私たちは数回の打ち合わせをし、又、さまざまな団体が主催する各学習会への参加もし、その感想はこのままだとこの地域は1人1人が、防衛省の意のままに翻弄されて常に監視される状況になっていく事になる。そうならないように1人1人の力を大きな塊になるようにと考え、「勝平の会」を結成した。

3月15日には「イージス・アショアを考える県民の会」が結成され同時に「勝平の会」は加入した。「勝平の会」はとにかく誰にも見える活動を考えた。看板の設置、宣伝カーの運行、のぼり旗や横断幕の活用に

勝平の会の手づくり宣伝カー

とりかかり、デザイン、キャッチフレーズ、運転資金の確保など、各自の得意とすることを最大限発揮した。

私たちは利益を上げるのが下手な者の集まりであったが、運転資金の確保は重要であった。

「勝平の会」のニュース発行の際は郵便局の払込用紙を添付するなどし、市民団体などの行事には許可をもらい、必ずといっていいほど出入口でのぼり旗をたて募金を訴えるなどのあらゆることをした。

宣伝カーは「勝平の会」の会員の軽ワゴンに取り外しできるスピーカーを取り付け、フォーク歌手北川てつ氏の「そんな街を」の歌をテーマソングとしてバックミュージックを流しながら、新屋勝平地区周辺を走り回りこの音楽が聞こえると「勝平の会」がきたと話題になるなど宣伝効果は抜群であった。

のぼり旗や看板は、わかりやすさとやさしい色彩を皆で話し合った。会員の佐藤さん親子（第二章に手記あり）は独自に看板をつくり、秋田商業高校の近くに設置し、そのかわいらしさは注目され秋田魁新報で2回にわたり取り上げ報道し話題を呼んだ。

話題をよんだリスの看板

「勝平の会」の運動を全県に広めたのは、２０１８年の厳寒の2月に大仙市（旧大曲市）協和町の市民センター「和ピア」というところで、日本共産党の田村副委員長を迎えての全県の講演会です。

当日は大雪で吐く息も真白になる寒い天候で、出入口や駐車場の整理で裏方はたいへん難儀された様子だった。キレイに除雪されていて気持ちよく入場できた。この寒いのに意気高揚と参加する人の元気をもらった。「和ビア」は芸術・文化・スポーツ等の展示室があり地元の住民から芸術文化とふれあう場がほしいのと要望があって、平成11年に作られている。私はここでイルカの歌、小椋佳の生前葬式という演奏、三遊亭円楽などの落語を聞いて定期的に鑑賞できるいいところと思っている。近くには秋田県唯一の野外用能楽殿がある。

講演会でとびいりの訴え

話はそれたが、この日の講演会のスケジュールには事前に決められており、その中に「勝平の会」の訴えを入れてもらうのはむずかしいとの事でしたが、私たちの熱意が伝わり、壇上から6人で訴える事ができた。

次のように訴えた（要旨）

「新屋演習場の最も近くの住民として、先輩たちが静かで自然豊かな街を営々と築き上げてきた、この街をこわす戦争につながる兵器の配置は、子や孫たちに絶対に残してはならない」と決意。みなさんと共に闘う事を誓った。

この講演会を相前後し、延べ9人の共産党の国会議員が一周約5㎞の新屋演習場を視察し、異口同音にこんなに住宅密集地の近いところ何故という驚きの声が最初の感想であった。

私たち「勝平の会」は国会議員が視察に入る都度、勝平地区振興会の役員等に、国会議員と地元住民との懇談会に参加して、意見を述べて欲しいとのご案内をした。勝平コミセンの懇談会には平均30名ほど集まり、多いときは50名近く集まった。

私たちは懇談会の案内だけでなくイージス・アショアに関係する新しい情報が入れば、その情報と資料を持って、振興会役員や住民に届けながら意見を聞き歩いた。さまざまな意見、質問、疑問がたくさん出た。主なものは

※ イージスがくるとアメリカ兵もくるか？
※ 電磁波、低周波などの影響はどのくらいか？被害はないのか？
※ ドクターヘリは今まで通りすぐ利用できるのか？
※ 演習場に隣接する県有地も使われるのでは？
※ 攻撃の対象になるのでは？
※ 1km圏内に学校、保育園があるが大丈夫か？
※ 監視体制は必至、平穏な住宅地の生活が脅かされるのでは？
※ 本当に必要か？

などですぐに回答がでる疑問ではなく、皆で一緒に考え、防衛省や政府に住民の納得できる回答が得られるよう、運動を広めていくことが大事な事と誰もが気が付いていったと思う。

国会では共産党の議員や自民党以外の秋田県選出の国会議員が、機会あるごとにイージス・アショアに対する地元の疑問などを取り上げて質疑し、防衛省に詰め寄っている。

無所属（当時の所属会派）の寺田学衆議院議員が再三質問し、当時の小野寺防衛大臣から配備に当たっては「地元の理解と協力が必須」との答弁を引き出した。これは地元の理解なしに進めることはないとの事であり、防衛省の地元への説明責任に釘をさした事となり、地元住民の配備撤回運動の大きな力になった。

共産党の穀田恵二衆議院議員が2019年6月5日の外務議員会で、防衛省がむつみ演習場と新屋演習場を配備候補地として、調査するとした会議の議事録の求めに対してほぼ全部黒くぬりつぶした資料が出されている。

穀田議員はその黒塗りの箇所をどうして隠す必要が

あるのか、問ただしている。それに対する答弁は「公にすることで他国との信頼関係が損ねるおそれや、自衛隊の能力等を推察され国の安全を害する恐れがある事から不開示した」と述べています。

この答弁は誰でも分かるように、候補地の選考過程の議事録を要求しているのに、関係のない他の理由で拒否している。私は「他国との信頼関係が損なわれる」とはおそらくアメリカの事と思いますが候補地決定の事までアメリカに気を遣う事を表していると思う。

これは地元住民へのさまざまな影響について一切触れず、日本の国民よりアメリカを優先する今の日本の政治そのものを表している。

「勝平の会」は国会からイージス・アショアの情報を住民に知らせる事も積極的に行い、共産党の高橋ちづ子衆議院議員の予算委員会での質疑内容を取り寄せ、

① 配備予定地　勝平地区はどんなところか知っているか？
② 住民の理解はどの時点で何をもって判断するか？
③ 何故、秋田と山口か
④ アメリカを守るためのものではないのか？
⑤ ハワイやグァムに落ちるミサイルに自衛隊が破壊命令出せるのか？
⑥ 太平洋の盾として日本が巨大なイージス艦になるのでは？
⑦ 電磁波の影響について何故答えないのか？
⑧ 安全という具体的な説明がされてない。

等についての質問と防衛省の答弁内容を住民に配布するなどした。これを読んだ勝平地区振興会の役員等から、いい資料を見せてもらったとお礼の声が寄せられるなど「勝平の会」の会員も逆に励まされることとなった。

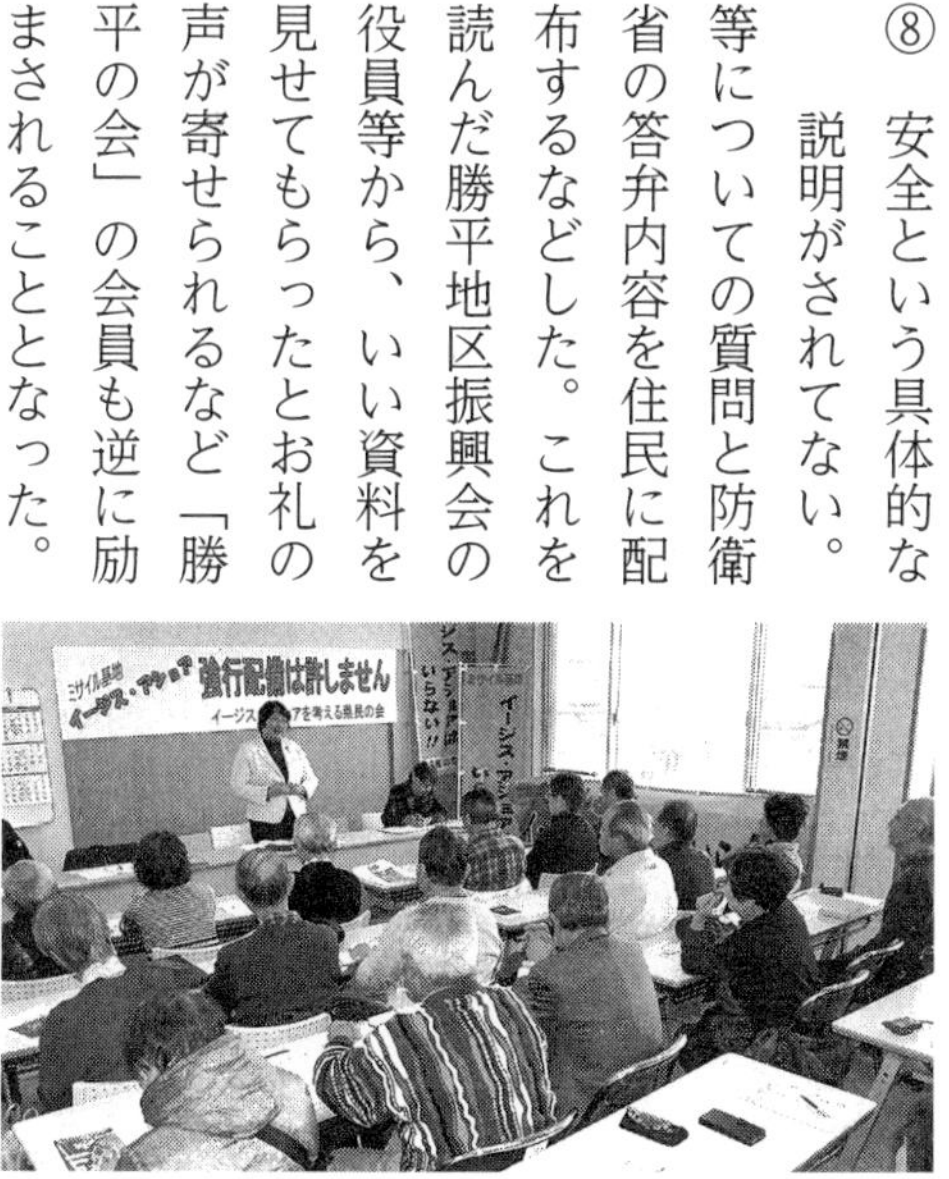

高橋ちづ子衆議院議員を迎えての地域懇談会

■勝平地区振興会　苦渋の選択

私たち「勝平の会」の思いは、配備撤回に賛同する人を1人でも増える事を願って行動した。毎週のスタンディングと街宣は道ゆく人たちには必ずといっていいほど次の事を話した。「みなさんの親戚、友人、知人、職場で、あるいは趣味の会や町内会でイージス・アショアを話題にしてほしい、みなさんの声が配備撤回の大きな力になります」と訴えた。又、県民市民には主に情報を提供する事をした。

そのためにのぼり旗、宣伝カーの運行、スタンディング、立て看板設置、チラシ配布、市民団体の主催する講演会や集会などには、主催者の了解を得て出入口にのぼり旗を立てながら活動募金を訴えた。この運動は目にみえるように広まっていった。

その中で特に勇気をもらったのは、勝平地区振興会が（16町内会と他の団体で構成）イージス・アショア配備反対の決議を挙げたことです。振興会は市民団体などと違いミサイル基地には賛成する人もいる中で、政治的な事で反対決議をする事は相当な議論を重ねたと思われる。

特に秋田商業高校をかかえる勝平台町内会の五十嵐正弘会長（第二章に手記あり）、勝平小学校をかかえる松美ヶ丘北町内会の長谷部一会長は、それぞれ勝平地区振興会の副会長の要職にありその中心になって活躍している。佐々木政志振興会会長、佐藤毅事務局長の4役の意思統一と振興会が同一歩調とるまでにはさぞや呻吟したであったろうと思う。

２０１８年7月25日に勝平地区振興会は反対決議し、すぐに知事・秋田市長・議会などに申し入れや請願を提出し、秋田市内の他の町内にも協力と賛同を要請している。この要請に対し１４５の町内会から反対決議や賛同が寄せられて、秋田市議会を後押しする大きな力になったと思われる。

この素早い行動には瞠目するものがあり、おそらく各町内会での議論は知事や秋田市長が右顧左眄に陥りつまり周囲を気にして決断しない態度の中で、住民自身が国を守るとはどういうことなのか、身近な事として民意が反映されるような意見交換になっていったと思われる。

町内会の中には、さまざまな事に対して役員にまかせておけばよい、あるいは専門家や役所の偉い人にまかせておけば心配ない、信頼しているから大丈夫と、あえて言えば物事を決めるには多様性が大事と言いながら、上からの指示には従うという昔の感覚が残っていると思う。自治組織町内会とは国や行政の下請け機関になってはいけない、民意をぶっつけ合う、これが民主主義というものではないのか、民主主義は、考え方の違いを認め合って話し合う事と思う。勝平地区振興会は民主主義を守ったのだ。

私たち「勝平の会」はイージス・アショア新屋配備予定と報道されてから、勝平地区振興会の役員の方々には、新しい情報が入ればすぐに資料や行事計画を届けながら、協力共同のお願いをして歩いた。

勝平地区振興会の、反対決議を聞いたときには天にも昇る勇気をもらい、配備反対の運動に力が入った。

佐々木政志振興会会長の「地域を護ることが当振興会の使命であり、責務である」と述べ、勝平地区住民の思いを汲み上げ他の役員の行動を後押しした事はまちがいないと思われる。

地元豊町での宣伝活動

この地に住む住民は幼稚園、保育園、小学校、中学校、商業高校という学園があり緑に囲まれ、海のさわやかな風があり、県庁、市役所に近いというさまざまな恵みを得て生活している。この地に住んでいる理由は、それぞれいろいろあると思うが、声を上げなければミサイル基地と共存する日々になり、よくわからない物の不安を抱えながらの生活は耐え難いだろう。それが勝平地区振興会としての組織が動けばなんとかなるのでとみんながそう思い、行動を起こした人が多かったに違いない。

川柳一句

喜びと　悲しみととは　紙一重

■議会とは、議員・政治家とは

私はイージス・アショアの新屋演習場が、配備予定地として報道された時、大変な事が起こったと目の前が真っ暗になり、「青天のへきれき」とはこういうことかと声が出なかった、一瞬どうすればいいのか迷い、沖縄の辺野古の米軍基地建設を思い出し、住民の生活や反対意見を無視した強圧的な工事の進め方を見て、これは反対しても配備撤回は難しいだろうとすぐ頭に浮かび、誰もがそう思ったに違いない。又、国が一旦決めた事を覆すことはほぼ不可能だと言う、これまでのさまざまなやり方をみてきているからだ。

2018年6月14日の防衛省の秋田市議会全員協議会での説明会を傍聴して、100ページを越える説明資料に1時間かけて説明する防衛省の態度には自分たちの都合のいい事だけで、そこに住む住民の気持ちは一片も考えていないと怒りを感じたことだ。

秋田県選出の寺田学衆議院議員が国会で何回も質問をし、当時の小野寺防衛大臣から、配備に当たって「地元の理解と協力が必須だ」との答弁を引き出し、その事が防衛省の説明内容と住民の意志に乖離という矛盾をはっきりとさせた。

私はもしかしたら県民の声が一つにまとまれば、配備撤回ができるかも知れないとかすかな光明を得た。これからの運動にとって一つの糸口になる。その思いから私は、地元秋田魁新報の読者の「声の十字路」欄に「イージス・アショアの配備は、知事と秋田市長、それに県議会と秋田市議会が「Ｎｏ」の態度を示せば、撤回させる事ができる」と投稿した。「声の十字路」には約2年間に、全県から住宅地に近いことへの疑問や反対意見が多数載り、根強い反対がある実態を県民に知らしめた。

「勝平の会」は防衛省の説明が入る前の２０１８年4月27日に秋田市長に対して、

① 秋田市に配備しないよう意思表明する事。② 国の一方的な説明だけで配備容認はしないこと。③ 国からのこれまでの経過説明と新しい動きがあったら直ちに住民に説明する事などを、勝平地区住民から出されている意見を添えて申し入れた。

9月には県議会からの新屋演習場への配備について、県民からの意見募集に対して、「勝平の会」では積極的に応募した。賛否を問わない自由投稿でしたが寄せられた１３２件のうち反対が8割を超えた。反対意見の主なものは「住宅密集地への配備は疑問、人体への電磁波の影響が不安、地区内の建造物に、高さ制限がかかり住民に不利益になる、有事の際は攻撃目標になる」など。

賛成の意見は「人口減対策になり経済の活性化につながる、配備されると攻撃から守られて一番安全になる」などであった。

「勝平の会」は他の多数の市民団体から、配備撤回の請願や陳情が提出されていたので、議会にではなく議員一人ひとりに参考資料を添付して要望を申し入れた。（別紙「資料7」は２０１９年9月にも申し入れしているのでその資料）

勝平の会の立て看板

又、イージス・アショアを考える県民の会の県会議員、秋田市議会議員それぞれへの配備撤回の要請ハガキ送付に積極的に取り組んだ。

２０１９年３月には、沖縄の比嘉県議会議員が来秋し、勝平コミセンで、地域住民を前にして「防衛省のどんなたくらみでも、みんなで話し合えば展望はある。オール秋田でがんばろう」と住民に将来の展望を示し住民に寄り添っている沖縄での活動など話し、私たちに震えるほどの勇気と確信を与えてくれた。

そんな中、新屋勝平地区を地盤とする自民党現職の県会議員が、本人の事情を理由に４月に行われる県議会議員選挙への立候補を突然やめた。これは地元勝平地区振興会（16町内会その他の団体で構成）の配備反対の決議と「勝平の会」の継続的な街頭宣伝、宣伝物の配布、申し入れ活動など、マスコミにも見える旺盛な活動が、地域に変化をもたらしたと見るべきと思われる。

もし立候補して落選すればイージス・アショアに対する地元新屋勝平地域住民の民意がはっきり表れて、国防上必要と訴えている自民党の他の議員のその後の活動に与える大きなダメージを回避させるために、自民党が立候補を断念させたと見るのが妥当だ。私たちの運動が流れを変えつつある事を確信した瞬間であった。

この様な事は２０１９年４月の地方選挙にも表れた、秋田魁新報の選挙前のアンケートによれば新屋演習場への配備反対は秋田市議会53・９％　県議会53・７％であった。選挙中に配備反対を訴える候補者は一定数いたが賛成を訴える候補者は無く、選挙の結果は新屋演習場への配備反対は秋田市議会66％　県議会58％と選挙前より反対意見を表す議員が増えた。

これはイージス・アショアの電磁波による健康被害、攻撃やテロ行為の危険、何故住宅密集地なのかなどの、地域住民の疑問に対して安全には十分配慮するとか、具体的な事には軍事機密ですとの答弁ばかりが多く防衛省の誠意ある説明はなく、その矛は防衛省に向けるべきものであるが、県議会と秋田市議会のイージス・アショアは国の問題だからと言って態度を明らかにしない議員に対する住民の意見が反映された形となった。

この間、県・市弁護士会、自由法曹団や多くの市民団体などから県議会と秋田市議会に、イージス・アショア配備撤回を求める請願や要請書が提出されている。

その中には配備候補地に一番近い勝平地区振興会(16町内会構成、5400世帯、13,000人)のもある。勝平地区振興会は保守系の県会議員、市会議員を顧問におき、選挙になれば振興会が一つになって顧問の議員を当選させる力を持っている。

この中の勝平台町内会、松美ヶ丘北町町内会はそれぞれ秋田商業高校、勝平小学校が立地しているところで、新屋演習場から一番近い町内会で世帯数で両町内会とも秋田市内トップクラスのところだ。子供たちや住民の健康被害などの疑問に答えない防衛省の態度に不信感が増すばかりと、この二つの町内会は秋田市の町内会として初めて反対決議した。

その後の勝平地区振興会の臨時役員会でも主導的役割を果たし、勝平地区振興会として反対決議につながり、振興会の会長は苦渋の選択だったと述べているように、反対の方向性を引き出すのに大変な議論があったと推察される。

勝平地区振興会の反対決議は、秋田魁新報に大きく報道され、反対している多くの団体に勇気を与えた。勝平地区振興会の他地区町内会への働きかけもあり勝平振興会も含め、最終的には約145の町内会が何らかの反対行動を取っている。多くの町内会でイージス・アショアについて議論した事がうかがわれる。

共産党県議・秋田市議団そろっての宣伝行動

秋田市議会は最大会派の自民党系の秋水会と公明党が継続の態度取り続

けた為に、2019年4月の市議会の選挙前に、勝平地区振興会は秋田市議会議員39人全員に態度を明確にすべきと公開質問状を送りその結果を公表した。秋水会を除く全議員から回答を得、その75%が反対の態度を明確にした。市会議員にとってはかなりのプレッシャーになったに違いない。

尚、秋水会のアンケートに回答しない理由には「市民からの請願に対応している、公開質問状で議員個人に回答を求める事は議会審査の在り方、ひいては議会の責任を否定することとつながりかねない」との珍論であった。市民の為の議員の役割を放棄したものと言われても仕方がない。

一方多くの市民団体や共産党、社民党などが知事や市長に配備撤回の申し入れや、反対決議しアピールを発表するなど旺盛な宣伝活動をしている。

特に「勝平の会」も加入している「イージス・アショアを考える県民の会」は2019年8月26日に秋田県内25市町村の内、すでに反対決議している能代市議会を除く24市町村議会に次のように

「新屋演習場に配備されれば、日常的に発する電磁波によって、人体はもちろん、飛行機、船舶、ドクターヘリに運行に支障をきたす恐れがあり、地域住民は平穏なくらしができなくなってしまいます。

又、防衛省の報告によると、敵国からの攻撃だけでなくテロの攻撃も予想され、新屋地域には250人の自衛隊員による警備や日常的監視が強化され、物騒な地域に一変するでしょう。機関銃などで武装した部隊が常時、監視体制をとっている状況は想像するだけで怖くなります」との内容で、議会として配備撤回の態度を表明するよう求める陳情を提出した。直後の9月議会でこの陳情は採択が10議会、不採択が3議会、継続7議会となり、残りの4議会は12月議会審議となり、配備反対の流れが広まり始めた。

7月21日の参議院秋田選挙区で配備反対を明確にし

た、市民と野党の協力協同の統一候補の寺田静氏が、自民党現職候補者に安倍元総理と菅元官房長官がそれぞれ2回も秋田入り、女性に人気のある小泉進次郎も応援に入り、自民党の多数の幹部も応援で、最大限のテコ入れしたにもかかわらず21，000票を超える差で勝利した事が影響したことは間違いない。

この勝利は全国的に大きな反響を呼び、全国から喜びの声がたくさん寄せられた。県民からも「ミサイル基地を認めるか、認めないかの闘いに勝てて良かった」「統一の力の勝利で市民と野党の共闘を育てる事が大事だ」「知事も市長も、国防は国の専権事項などと人ごとのように言ってられないのでは」など、多くの反応があった。

「県民の会」ではその後も態度を明確にしない11自治体の議長や議会事務局に採択して下さるよう申し入れるために訪問し、県民の願い実現に向け精力的な活動をしている。その後2020年3月議会までに25議会中24議会が採択となり秋田県民の民意ははっきりと表れた。

この様な結果を導いたのは、全県の社民党の議員や全県に33人いる共産党の議員などの住民に寄り添って奮斗した議員がいればこそであり、住民の代表として、住民の利益を守り議会にその役割を遂行させるために議員はある。私たち住民は行政や議会が住民の立場に立って、きちんと行われているかどうか、監視する役割を自覚しなければと思う。配備撤回の運動は、住民と議員の連係プレーで議会は動いた。

どこの議会でも配備撤回を求める議員の活動にはドラマがあったようだが、仙北市議会の平岡裕子議員(第二章に手記あり)は「勝平の会」とともに新屋演習場を視察し、勝平地区住民の生の声を代弁し、県民の会から出され不採決とされていた陳情を取り上げたが、12月議会も不採決となった。それでも諦める事もなく、他の議員と協力し議員提案し、自ら賛成討論するなどして2020年3月議会で採択を勝ち取り大きな反響を呼んだ。

これは議会では小数でも多数である民意をバックに議員があきらめず奮闘した結果であり、住民に寄り添って活動する真の議員活動を見た思いだ。

■防衛省説明会、住民の反発あらわ 怒号がひびく

2019年6月8日 勝平コミセンで防衛省の配備地区住民への説明会が行われた。会場には約25人ほどの防衛省の説明員が正面に整列し、それは誰にもわかる緊張状態であった。

6月5日付秋田さきがけ新報は、一面トップに「適地調査データずさん」と報道した。それは「新屋ありき」で山の高さを低く計算していたもので、翌日の、国会で調査の杜撰さがさらに明らかになった直後の地元住民への説明だからだろう。それだけでなく、会場に集まった120人の地元住民の両側のスペースには全国からテレビカメラマンや記者が多数取材に来て会場はいっぱいとなり、それこそ戦争直前の合図を待つような（実際は経験はないが）異様な雰囲気がただよっていた。

多くの住民が参加した防衛省の説明会

防衛省の司会者が、定刻になりましたからこれから説明を始めますと述べたと同時に「進行に意見があります」と「勝平の会」の高坂昭一（第二章に手記あり）さんが挙手、会場の緊張は破られ司会者は予想してなかった展開に、うろたえて説明員と顔を合わせながら、うろうろしてなかなか指名しなかった。

高坂さんはあわてる事なく、中腰で挙手した手を司会者に向かってあげつづけた、私は後方の席から大き

な声で会場に響き渡るように「意見があると言っているのにどうして指名しないんですか、意見を聞くべきでないですか」と、すると参加者から「そうだ、そうだ」の多くの声がつづいた、司会者は仕方なく高坂さんを指名した。

高坂さんは「防衛大臣もミスを認め、調査結果全体の信頼性を失墜させかねないもので、速やかに対応を精査するとわびている。知事も全部最初からと、市長も改めて精査し再度説明するよう申し入れしていると言っている。

地元の私たちには、数字の正誤表を差し替えての説明のやり方は丁寧な説明に反している。今日は調査ミスの経過説明にして、全体の説明は改めてしてほしい」と訴えた。

すかさず私は「そうだ、その通りだ、今日の説明はこの人の意見に対してあなた方の見解を出してからでないとダメだ」と又大声で激励の野次を飛ばした。又、そうだ、その通りという多数の声がおこり会場は騒然となった。司会者はどう収拾したらいいのか、説明員の方へ救いを求める仕草をしているようでしたが、説明員は微動だにせずダンマリとしていた。この間会場からは怒号が飛び交い挙手する人もいましたが、高坂さんの動議を無視し騒然とするなか、20分遅れで1時間の説明を淡々とした。

この1時間ずっと挙手し続けた方がいた、この方は家族や子供たちの事を思い防衛省の一方的な言い分だけの説明に言いたい事がたくさんあったと思ったに違いない。

説明が終わり発言の機会を得たこの方は小学生・中学生を持ち、子供のためにはこの地が最高といい勝平地区住民の思いを発言をした。そして最後に「あなた方にとっては、どこか遠い国の出来事みたいに感じかも知れないが、我々は毎日ここに住んでいる。何かおっしゃりたいなら、あなた方全員勝平に引越ししてきて下さい……。どれだけ時間をかけて作ったかわからないがミスがあったじゃないか、どれだけ信用すればいいんですか」と。最後に説明員に向かって「後ろの席のあなた、居眠りしていましたね、何を考えているんだ、我々には人生が懸っているんだぞ！」と。怒りをあらわにした。カメラマンが一斉にそちらにカメラをむけた。

これまで勝平コミセンでの説明会は、6回開催し延べ人数は849人となっており、さまざまな質問や疑問が出ている。それに対して防衛省からは何一つ住民の心に寄り添う説明はなく、防衛省の一方的な都合だけ述べている。この日の約3時間に及ぶ説明にも住民の怒りがさらに増し、まだ挙手している人がいるのに説明を打ち切った。

防衛省はこの日の勝平コミセンでの説明会に、6月5日に発覚した調査ミスなどへの批判や質問に答えられるように、おそらく徹夜で打合せして臨んだに違いない。

防衛省のこの調査ミスなどの想定外の展開は、安倍元首相とトランプ大統領との約束した結果を早く出すようせまられ、防衛省内の幹部の意思統一が不十分のまま、臨んだ事が調査ミスと居眠り問題として、矛盾が露呈したものと思われる。

この事が当日の夜や翌日に、多くのマスコミが報道し、特にテレビではどのチャンネルでも朝から1日中報道し防衛省の失態が全国に知られる事になった。この調査ミスは、候補地のレーダーが周りの山を見上げた角度が10度を超えると不適とするものだが、実際の角度より他の候補地9か所すべてが高くして不適地とし、新屋演習場だけを実際より低くし適地としている事が判明したものだ。

こんな単純なミスを犯す防衛省が、本当に国民を守れるのかという意見がでるのも当然のことです。

私は防衛省の今日の説明員の居並ぶ姿をみて、いつもよりもうつむきかげんで、覇気が感じられなかった。

心の中までは見えないが、何回も説明会をしているうちに勝平住民の地域を思う気持ちがだんだん伝わっていき、仕事とはいえ勝平地区で、防衛省の言い分を押し通すのは気の毒だと思い始めたのではないか。

防衛省の職員は勝平住民や秋田県民とは、敵対関係にあるのではないが、安倍元首相のアメリカのトランプ大統領に前のめりする目先だけの防衛政策で、自分たちが犠牲になっているのではと思っているのではないか、自衛隊に入る時の国を守る為の使命としての役割からずれてきていると、少なくとも真面目な人ほどそう思っているのではないかと、勝手に私は思った。説明員は防衛省のエリートになる前に家族がいるはずだ。

川柳一句

ウミネコも　なんだなんだと　乱舞する

■住民に説明すればするほど　不安は募るばかり！

調査ミスは山の高さだけではなかった。6月9日～10日の2日間秋田市文化会館での説明会には延べ200人を超える市民が参加した。

「勝平の会」の近江幸義（第二章に手記あり）さんが、説明資料の中の配備地の津波の影響について、他の国有地と同じ条件と思われるのに何故新屋だけが○印で他は×印になっているのか。配備地から住宅地までの距離と人口数が数字でなく何故○×式になっているのか、その根拠となる資料を求めた。この質問にはさすがに防衛機密だからと拒否できず後日回答するとした。この津波対策については3日後の国会でも問題となり、野党の合同ヒヤリングでも同じ他の国有地と条件は同じなのに、新屋演習場との違いを指摘されると、新屋はかさ上げなどの対策で津波の影響はないと、後付けと思われる理由を述べ、新屋演習場ありきである事がここでも判明した。

私も挙手し指名されたので次のような質問をした、「万が一敵の攻撃やテロに対しても未然に防ぐために警備部隊を配置し警察、海上保安庁とも協力し皆様の不安を解消できるような十分な対策を実施する」と資料には説明しています。私は演習場からわずか350mの勝平台の町内に住んでいますが、万が一の場合私たちはどうすればいいのか、避難計画もなく黙って見ているしかないのか、それともシェルターを自分で用意する事になるのか、その費用は防衛省が持ってくれるのか、納得のいく説明をして欲しい」と。その答えはあっと驚くような内容だった。

「事態緊迫時には、近くの駐屯地から増援部隊を派遣し、テロや工作員の破壊活動を未然に防ぎます。事態に応じた陸上自衛隊、対空防護隊、海上自衛艦、哨戒機航空自衛隊の戦闘機を展開し、周辺地域を防護します。監視カメラ、セキュリティを強化します」と従来の答弁を繰り返し、新屋演習場周辺については拳銃や機関銃を持った警備隊を配置し警察と海上保安庁とも協力し展開するとし、納得のある説明ではなく、かえって不安を募るばかりでした。

住民の不安に対する説明は住民に寄り添うものではなく、主なものは次の様なものでした。

Q、何故、住宅密集地の秋田市新屋なのですか？

A、秋田市新屋と山口県萩市は国有地で日本全体をカバーするのに最適地です。

Q、イージス・アショアを配備するのは何故ですか？

A、北朝鮮のミサイル攻撃から日本を守るためです。

Q、軍事基地は真先に攻撃されるのではないですか？

A、抑止力が働きかえって攻撃のリスクが少なくなります。万が一の場合に備えて安全には十分注意し警備を厳重にします。

Q、電磁波の人体への健康被害はありませんか？

A、国の電波防護指針の基準内ですので心配はありません。万が一の場合は被害のないよう十分注意します。

Q、アメリカのハワイとグァムの軍事基地を守るためではないですか？

A、日本を守るためのものです。

この様に住民の質問に対する防衛省の回答は、住民にかみあう事なく防衛省の一方的な都合を言っているだけで、防衛省は事あるごとに「住民の理解を得るために丁寧に説明します」といいますが、丁寧な説明でなく住民への説得をするためのものでしかない事がはっきりと分かった。

川柳一句

ミサイルに　えんさえんさの　声響く

■抑止力論について問う

ここでいう抑止力論について、私の意見をどうしても触れておきたい。日本国憲法の前文は政府の行為によって再び戦争の惨禍が起こることのないようにすると高らかに宣言している。

将来の日本が確実にそうなるように考えたとき、この抑止力という名のもとに軍備を拡大する事に、国民は本当にそう思えるのだろうか。防衛省の言うことは軍事基地を強化すれば、相手国に抑止力が働き、つまり相手国は攻撃しようとする意志が働かなくなり、自国は安心する事ができるというものです。

この理論は国民を納得させるための最もらしい概念であって、専門家に言わせれば抑止力に依存した安全保障は、かえって国民を危険にさらすもので相手国に攻撃の機会を与える事になるとしている。

伊藤塾の塾長伊藤真弁護士は「そもそも抑止力論と

いう概念自体が科学的に証明されたものでなく主観的なものであって、相手国がこちらを攻撃した場合、攻撃による利益よりもっと大きな攻撃をこちらから受けると相手国が理解し、相手国はこちらを攻撃しないだろうと、こちらが一方的に考える事であり客観的判断はできない。この抑止力論は、相手の脅威を強調してこちらの軍事力強化の口実となり、それが相手国にとって脅威となり、お互いに相手国に負けまいと軍拡に走る事になり、ときには挑発の可能性も考えられ、一触即発の危機が生まれ安全保障のジレンマに陥る事になる。抑止力論者はこの議論が破れたとき、両国に甚大な被害が発生する事を想定していないと思われる」と言っている。

この抑止力論は、圧倒的な軍事力で他国を侵略し、経済的利益を独占した近世界の植民地政策の亡霊が今も生きていると思わざるを得ない。国と言う時の政権と自国の軍需産業と結びつき、自国民の平和を守るという概念を作り、さらなる軍備拡張に走り、莫大な利益をあげる事が本質ではないだろうか。

原子力発電は、コストが安く安全で安心できる将来の最高のエネルギーだと、原子力安全神話をふりまいてきた原子力村といわれる利益を受ける人たちに対して、今はコストが一番高く一番危険なエネルギーと世界が認めているように、この抑止力論も、平和のために必要とふりまく抑止力村として、国民に信じ込ませ、同じ誤ちを犯す事になるとしか思えない。

自国民のみを守ろうとする抑止力論の概念から決別しない限り、私たちにはほんとうの平和はやってこないし、世界から争いや戦争と表裏一体にある貧困や差別はなくならないだろう。

今、防衛省は陸上イージスから敵基地攻撃できる海上イージスに変えようとしている。この敵基地攻撃は憲法に違反している事はもちろんだが、迎撃ミサイルからさらに進化し先制攻撃となっていくのは、抑止力論者が目指す最後の手段で、今の政府の態度からすればその方向にいくだろう、恐ろしい事だ。

そうなれば又、同じ誤ちをくり返す事になるだろう。

相手国との信頼関係を最優先した外交努力する事が、国民を守る事であり他国から信頼される事になる未来の日本をめざす道ではないだろうか。

戦争は　ある日
突然起こるものでないと言う
平和は　誰かが
持ってきてくれるものでないと言う
私たちの、心の中にあると言う
今日は　心の中のものを
少し出してみようかな

■マスメディアの役割と運動の広がり

この間の約2年半の県内外の動きにふれて、配備撤回の運動の広まりに県民は確信が持てたと思う。

２０１７年11月12日の秋田魁新報で、イージス・アショア配備新屋演習場を候補地と報道された後、すぐに社民党県連が11月16日に知事に方針撤回の申し入れをかわきりに、県平和委員会、新日本婦人の会県本部などほぼすべての市民団体や社民党、共産党などの政党支部が知事や、秋田市長へ配備を検討している事について、反対するよう申し入れや県民へのアピールを表明した。

秋田魁新報はその事を逐一必ず報道した。当時の魁新報社の社長小笠原直樹氏は「兵器で未来は守れるか」と魁新報紙上で県民にアピールした。

その要旨は「戦後日本は、大戦が招いた甚大な惨禍と、それに対する深い反省から、『二度と戦争を繰返してはならない』という強い決意を抱いて、廃墟から再スタートを切った。その出発点は平和主義であり、国民主権であり、基本的人権の尊重にある。新聞社の役割の第一は、読者に成り代わって政府や権力者の行為を監視し、再び戦争に駆り出されることのないよう言論の力をもってチェックことであると考えている。

　秋田魁新報社は不偏不党を貫き、政治的勢力から一定の距離を保ってきた。だが、それはすなわち、賛否の分かれる問題から逃げ、両論併記でその場をやり過ごすことではない。地上イージスの配備は本県のみならず、国の安全保障に関わる大問題だ。最も尊重しなければならないのは、県民と県土の安全安心、ひいては国家と国民の安全保障であることは論をまたない。この立場は設置賛成論者と同じだが、異なるのは、戦争に突き進んだ過去に対する真摯な反省の上に立った歴史観である。軍事施設はいったん配備されれば、増強されることはあれ、撤去されることはまずない。悔いを千載に残さぬよう、慎重に思慮しなければならない。兵器に託す未来を子どもたちに残すわけにはいかない。」小笠原氏のこのアピールは県民に感銘を与え多くの県民に、座視しているわけにはいかないと勇気を与えてくれた。


　私はマスコミの報道とは、誰が読んでも一理あるなと思わせるような記事でないといけないものと思っている、しかし日本中にはりめぐらされたような報道機関は、事実は伝えても真実を伝える新聞は少ない。他社より早くスクープして報道する事に社運をかけて報道しているのが現実になっていないか。その事が国民から注目を浴びて会社はのびるかも知れない。しかしそれは国民に真実を伝えるというマスメディアの役割からすれば、知らず知らずのうちに、権力に追従する事になっているのではと思われる、一部ではあるが権力に阿ねて公報化していると思わざるを得ない報道がある。

　時の政府の報道を、何の批判する事なく、国民に伝達している新聞社もある。その点、秋田魁新報社はマスメディアの役割をきっちりと果たしている。社是は「正を踏（ふ）んで懼（おそ）るる勿（な）かれ」とあり、これは自らが正しいと信じるのであれば何者にも恐れず果敢に挑めという事だそうですが、これは過去に公権力による発行停止処分などの言論弾圧との闘いが、今に引き継がれている事で、社員一同その事をしっかり胸にきざんで活躍しているからだと思う。

秋田魁新報社はイージス・アショアの記事を地域で暮らす人々の生の声をくり返しくり返し取り上げ、それが地域に連帯意識をつくりだしていった、大きな力になった事はまちがいない事実と思う。

県民集会で訴える筆者

私は魁新報社とは読者としてのつきあいしかないのですが、記者はどれほど苦労して1つの記事を作っているのか、ほんとうにわかったような気がする。私はイージス・アショア配備撤回に取り組む中でマスコミ・マスメディアの力を活用する事は最も大事な事との思いですすめてきた。

２０１８年8月2日にテレビ朝日の報道ステーションのディレクターなど3名が、新屋演習場にいちばん近い住民との理由で私の家を訪れ、新屋演習場を一緒に視察しながら約3時間にわたって取材を受けた。その後報道ステーションで、私の日常生活と配備に反対している様子を中心に放映された。

この事が秋田県の新屋演習場と山口県のむつみ演習場で、地元住民がイージス・アショア配備撤回の運動している事が全国に知れわたった。

これを契機に「勝平の会」へ県内外のマスコミ関係や市民団体等が視察と取材に殺到した。政府が秋田県と山口県へのイージス・アショアの配備計画停止を発表するまでの間、外国からの取材を含めマスコミ関係だけで約１５社に及び、日本や世界に新屋演習場とむつみ演習場でのミサイル基地配備反対運動が紹介され、運動を広める大きな役割を果たしてくれた。

この中で特にマスメディアの世界について特に感じた事がある。取材を受けたマスコミの中に「夕刊フジ」というのがある。電話取材でしたが、イージス・アショア配備撤回の運動についての感想をいろいろ聞かれた、その主な目的は私が共産党の元秋田市の議員である事を確かめるためであったように思われる。

テレビ朝日の報道は、イージス・アショア配備撤回の運動に取り組んでいる私を、元共産党議員の肩書をつけないで取り上げた事に難くせをつけ、「テレビ朝日は元共産党議員のプロ市民を、一般人の声として報道した事は偏向報道であり、印象操作で捏造している」として（私が反対している理由にほとんどふれることなく）テレビ朝日を攻撃した。

これには俗に右翼と思われる評論家まで加わりネット上で30万件以上がアクセスされ、テレビ朝日は炎上したそうだ。

プロ市民とは自民党政治に反対する住民や団体が集会等開催すれば全国どこにでも参加してわたり歩く人を言うそうだ。

ネットの世界では、私の過去の主な活動を調べあるいは勝手にうその人物像をつくり上げ、悪意を持って取り上げている。「夕刊フジ」は産経新聞グループである事を考えればなるほどと思う。産経新聞社は某新聞社と安倍元政権の公報としての役割を競い合っていると、ちまたでやゆされているような新聞社と聞く。

前述したようにマスコミの役割は、時の政権がどんな政権になっても、政権に迎合したり、大衆に迎合したりするのではなく国民をはげます事にある。

私たちはマスコミから膨大に流れる情報から、さまざまな知識を得る事ができる。その情報が主権者である国民の立場からみてどうなのか、私たちは常に注視していかなければならない。物事の真実を把握し正しい判断のためには、確かな情報を広く探るとともに、疑問のある報道には「No」と言い、納得でき賛同できる報道には「拍手」を送ろう。

■野党統一候補　寺田静氏の勝利が大きな力に

２０１９年５月29日、市民連合が野党との間で「だれもが自分らしく暮らせる明日へ」と題する13項目の政策の確認を行っている。それを基に市民連合秋田立憲ネットが参議院選挙への立候補者寺田静氏と13項目の他に、「迎撃ミサイルイージス・アショア配備に反対する事や農業問題」など２項目を加えた政策を揚げ、その実現に努めるように要望した。

寺田氏が勝平コミセンであいさつ

寺田静氏から「その主旨に賛同し各項目の実現にむけて活動にいかします」との回答を受け、野党統一候補として闘う事になった。

選挙戦は激烈な斗いとなった。自民現職の中泉氏の応援に安倍元首相、菅元官房長官がそれぞれ２度も秋田に入り、自民党の幹部も続々と多数応援に入った。佐竹知事も中泉候補者に精力的に同行し、公明党幹部も応援に入り与党政権が総力をあげて闘かった。

一方、寺田氏は「秋田の子たちにイージス・アショアのある未来を手渡したくない」と訴え、主婦の感覚と自分の経歴をありのままにはなし、県民の子育てや年金、介護、農業などの悩みに寄り添う姿勢を訴え支持をひろめていった。「勝平の会」の会員が「天から自由の女神が舞い降りてきたようだ、この候補者は絶対勝たせなければ」と言うように、女性の心をつかみその声は大きく広まっていった。

結果は反対を明確にして闘った寺田氏が２１、０００票を超える差で当選し、配備反対の声をあげれなかった県民に勇気と確信を与え、この後の全県の配備反対運動を大きく押しあげた。この勝利は防衛省の新屋ありきの態度を、もしかすれば変えさせる事が出来るかも知れないとの展望を、多くの県民は持ったに違いない。

秋田県民に限らず、全国からはげまし喜びと激励の電話がたくさん入った事は言うまでもない。一例をあげれば、この間、山口県むつみ演習場のイージス・アショア配備反対の運動に取り組んで、情報交換しながらお互いにはげましあってきた萩市の○さんから、「山口県は秋田の選挙結果を固唾を呑んで見守っておりました。これで踏み留まる事ができる。徳俵に足が掛っている状態を一歩押し返した。今思うとこの勝利はひょっとすると流れが変わるかも知れない。一筋の光明を見た思いがした」と私への手紙の中で語っています。

私たち東の秋田県民と西の山口県民とが同じ思いで結びつき、闘ってきた事が勝利となり、全国で自衛隊や米軍の基地で闘っている方々をはげました事と思う。

寺田氏の勝利は、この後に行動となって表れた、2019年10月27日から3ヶ月間にわたって全県的な署名活動に大きな力を発揮した。

今の政治状勢を反映して、さまざまな内容の署名がどこでも行われており、なかなか署名に応じてくれない人が一般的だが、イージス・アショアの署名の呼びかけ人には主婦層始め、経験した事のない方々がたくさん行動に立ちあがった。県議会と秋田市議会宛の2種類の署名用紙と、しかも自筆でなければならないなど、手続き上手間がかかり、おそらく住民との対話に時間がかかり、さまざまなドラマがあったと思う。住民の多様な意見を尊重しながら政治の話をする、これが民主主義ではないかと思う。

私たち「勝平の会」でも、地元中心に保育園や福祉施設、会社、商店などに働きかけ多くの賛同を得、3ヶ月という短期間に3，000筆の署名を集め全体に大きく貢献した。

2020年2月2日に県議会と秋田市議会にそれぞれ42，000筆を超える署名を提出しその後の3月議会に変化をもたらし、その後県議会も含め全県26議会すべてが請願もしくは意見書を採決している。

■山口県阿武町民に寄り添って

イージス・アショアが秋田の新屋演習場と山口県のむつみ演習場と報道されてから、むつみ演習場がどういう所なのかいろいろ調べてみた。長周新聞によれば阿武町というところは、市町村の平成の大合併の時、萩市への吸収合併を拒否し、町単独の町政を選択している。理由は戦後の町の歴史にあるようだ。

むつみ演習場は終戦直後に主に山梨県からの入植者で大部分が満州からの引き揚げ者だった、この土地は枯れた土地で開拓事業は困難を窮め、その後約8割の農家が離農している。その後東富士演習場の建設によって、そこに住んでいた住民が追われるようにして、この土地に開拓農民として入植している。その後の開拓地は筆舌に尽くしがたいほどの困難を乗り越えて現在に至っている。

現在は農業と漁業を中心とする町で、私たちがよく利用している道の駅の全国第1号で「道の駅阿武町」は農漁業の生産と商業などのセンターになっている。漁業では、国の制度を活用して漁業会社を立ち上げ、全国から担い手として漁師が定住し社員として働いているそうだ。

又、町では高校卒業までの医療費の無料化を行うなど、人口の社会減少を止めるためにさまざまな施策を行ってきた、人口の社会減少は２０１０年頃からゼロに近づいているようです。２０１０年には「豊かなむらづくり全国表彰」を受賞するなどして、全国的に注目されているようだ。

花田町長はイージス・アショア配備は「まちづくりに逆行する」として反対し、町議会も先人達が命がけで守ってきた地域が有事の際に標的になる可能性に対し「子や孫のために守ってきた美しいこの地で平穏に暮らしてゆきたい」という地元住民の意をくんで、全会一致で配備撤回を求める請願を採択している。

この間、萩市の〇さんから山口県でのイージス・アショア撤回の運動の広がりに一喜一憂しながらの激励のお電話や資料を時々送っていただき、共通の認識を改めて確認する事ができ感謝している。

私は阿武町の歴史を知って、その当時全国の開拓地には日本の食糧確保のため、国策としてあるいは戦地からの引き揚げ者対策として戦災対策として開拓地に入植させたことを知った。

入植者たちは裸一貫で、自分の将来の希望を実現するために入植したと思う。しかし多くの開拓地は国や行政からの支援も乏しく、努力もむなしく離農していき多くの廃墟と化した集落が発生した。

私は時々妻とドライブするが、その途中に見かける中山間地には必ずといっていいほど、くずれかけた小屋、古いコンクリートのサイロ、広々とした原野などをみかける。日本の食糧を担ってかんばってきたこの方々に日の当たることはなかっただろうか。

私の生まれた地は大仙市太田町千本野という奥羽山脈のふもとのところの開拓地だ、両親は昭和16年に入植している、私は昭和20年生まれだが、両親によれば毎朝7時に入植者7人が一ヶ所に集まり国旗を揚げて朝礼のあと「開拓の歌」を歌ってから一日が始まったそうだ。

万世一系たぐいなき
すめらみこと仰ぎつつ
天涯万里野に山に
荒地ひらきて敷島の
大和心を植えるこそ
日本男児のほまれなり

当時は食べるものも農機具などない時代で、日中どこかに働きに行き夜に松の根ほりをして開拓していったそうだ。そういえば母によく近くの集落に米や食糧を借りに(もらいに)連れられて歩いた記憶がある。小学校の担任の先生はみるに見かねてこっそり衣類をくれた。その先生の顔を忘れることはない。

今、実家は4代目で健在だ、現在の農業はすべての原材料が豊富で技術も機械化されて働く環境がいい時代となり、昔の苦労話しなどあまり意味がないと言う方々がほとんどだが、しかし過去の事を知らずして未来の事を自信を持って言えないのではないだろうか。阿武町民のイージス・アショア撤回の闘いは、土地と共に自分たちの命をかけた闘いであり、日本の農業を守る闘いでもあったと思う。

日本の農業は世界のグローバル化に合わせるのが最適とうそぶく、今の自民党政治と対峙して闘っている、全国の農民の思いとだぶり、大きなはげましになった事はまちがいないだろう。

私たち、新屋勝平地区の住民と阿武町民の闘いは、命と財産を守る一蓮托生として子々孫々まで引き継がれていく事だろう。

■なまはげが缶バッチになって

なまはげ缶バッチ

秋田県には男鹿の「なまはげ」というユネスコの無形文化遺産に登録されている民俗芸能がある。「悪い子いねがー」「泣く子はいねがー」と叫びながら大晦日に各家々を回る行事だ。知らない方のために少し説明してみよう。集落の若者がミノ（わらでできたカッパのようなもの）や履物（わらでできたもの）、鬼の面（集落によって面の形が違う）を身につけ木製の包丁と桶を持って家族の無病息災や翌年の豊作を祈りながら家庭を回る。家々では主人が料理や酒でもてなす。「来年も来るぞ」と家族に言い残し次の家に向かうというものだ。「なまはげ」の起源についてはいろいろあるが、はっきり定まっていない。

次の説が言われている。

漢の武帝が5匹のコウモリを引きつれて、不老不死の薬草を求めて男鹿にやってきたがコウモリが鬼に変身し集落の田畑を荒らした。困った村人が鬼と約束をして今の行事になった。

男鹿の真山には古くから修練者がおり山伏の姿で各家々を回り祈願して歩いたのが始まりといわれている。海上から見える真山は海から見れば山に見え、その山には村人の生活を守る「山の神」がいるといわれ、その神の使者が「なまはげ」であるという。

男鹿の海岸に漂流してきた異国の人々のことばなどが鬼のように見えたので、「なまはげ」と言われた。この様な言い伝えがあるが長い年月を経て現在のようになったと言われている。又、「なまはげ」は、なまけ者を戒めたり疫病神を追い払って人々に幸せをもたらすものとして毎年行われている。

さて、何故缶バッチになったのか、それは毎週県庁前のスタンディングをしている中に、私の友人である秋田県映画センターの吉田幸雄（第二章に手記あり）さんがいて、彼の友人に映像作家の有原誠治さんという方がいる、その方がイージス・アショアの配備撤回の運動に協力してくれる事になり、「なまはげ」の「イージスいらねぇ！ごしゃげる（怒る）！」と気合の入ったイラストを作ってくれた。

「勝平の会」ではこの「なまはげ」のイラストをスタンディング用のプラスターに活用、さらにニュースのカット図に利用するなどした。他の市民団体もニュースやチラシ等に活用し「なまはげ」のイラストが運動の中に広まっていった。

NGOの新日本婦人の会秋田支部も、配備撤回の運動に取り組む中でイージス・アショアを1人でも多くの人に知らせたい。目立つ事はないかなど運動を広めたい一心で、「なまはげの缶バッチ」となったそうだ。

尚、私の友人の吉田幸雄さんも独自に缶バッチを作り広めている。私たちはその缶バッチをバック、リュック、帽子、上着などに着用し、日常生活の中に缶バッチを取り入れ行動した。街中を歩く時にできるだけ缶バッチが目立つように、周りの人が気がつくようにと思いながら歩いたものだ。実際声をかけられたり、バッチを着用している人から気軽に声をかけられたり、イージス・アショアの話題になったり効果は広まっていった。

私は時々利用している県内のある秘湯温泉の店頭に缶バッチを置いてもらい、イージス・アショアの事を広めていただいた。感謝、感謝。

前述したように、なまはげは過去の怨念をもちながらも疫病神の追い払い、人々に幸福をもたらすものとして伝えられてきており、なまはげのこの畏怖の念と抱擁力が、県民の不安の声と重なり合い怨憎会苦となり、イージス・アショア配備撤回への大きな力となったと思う。

川柳一句

なまはげも　怒りに燃えて　友となる

■国を守るとは

勝平地区は、毎日散歩する人が多いところだ、自分の生活のリズムに合わせてだろう、朝、昼、夕と歩いている、夫婦か、犬連れが多いが特に私の近くの演習場周辺は、松林に囲まれた散歩コースがあって、車の通行量が少ないところだから特に多いかもしれない。我が家の前に百日紅の木がある。その木に「イージス・アショアはどこにもいらない」の小さな標識を取り付けてある。

冬の自宅前の小さな標識

それを見たのか私の前を散歩する夫婦の話題が耳に入った。

「ここさ、ミサイル基地ができれば大変だったたな!」

「んだ、えがったな安心して寝れるな……」

「防衛省の説明はもっともらしいこと言うけど、一つ一つ深く考えれば俺たちにとってプラスになることひとつもなかったな」

「国を守るってなんだべな?、国ってなんだべな」

「きまってるべ、国家のことだ」

「国家てなんだべな」

「……うーん、国と言う広い土地と大きな家のことだべな?」

「せば、国を守るって、その大きな家を守ることだべな……」

「ん……、その家の中さ、誰住んでるべな……」

「俺たち、国民が住んでるべ……」

「んだが、……でも防衛省の説明な、家の中にすんでいる人を守るとは、あまり言わないで、納得できながったな……」「せば、自衛隊は何をまもるんだべな……」

「ん……、自衛隊は国土とその家、つまり時の政権を守るためにあるなだ……」

「え……、それほんとだが」

「んだ、国民の命を守るのは警察の仕事だ、財産を守るのは消防の仕事だ、自衛隊の目的には国民を守るとはなっていないのだ。俺、なんか、格好いいごと言ってるな?」

「ん……ときどきな……。それでが、自衛隊の説明員は国民を守ると確信を持って言えないので、俺だちに納得できる様な説明が出来ないいんだな」

「んだど思うよ」

　国を守るとはどういう方法があるか。これからの日本の防衛とはどうあるべきか、皆さんと考えてみたいと思う。

今、日本の政府は防衛力を強化して、世界から軍事力の強い国とみられるような方向に進んでいると思われる。世界の先進国と言われている、多くの国では自国の軍事力を誇示して、他国に対して政治的にも経済的にも自国に都合よい政権を作ろうとしているのが一般的である。

第二次世界大戦までは軍事力で相手国を従わせることが出来たが、その反省から国連が出来た。今は軍事力を自分の都合のいいように行使が出来なくなってきている。日本の中世のころの戦国時代はもとより、世界の多くの国では土地の分捕り合戦から戦争がはじまっている。

この様な理由からの戦争は第二次世界大戦で終止符を打ったはずだが、しかしいまも一部の国にはまだある、それらの国では、かって多くの国でやってきたような事は、「世界の目」があるから勝手に軍事力を行使できずにいると思う。

人類を歴史的に見れば、隣国とは戦争で解決するより友好的な関係になるよう常に人類は英知を結集して進んできているからと思う、国の防衛に関する考え方・哲学が人類のあるべき姿に向かって、変わって来ていると思う。

武装中立国のスイスと、軍隊を持たないコスタリカ中立国がよく話題になるが、少しふれてみよう。

スイスは公用語の多い多言語の国だそうで、少数派を排除せずに共存を重んずるこの国の姿勢を「言語の平和」と呼んでいるそうだ。スイスはドイツ、フランス、オーストリア、イタリアなどの強国に囲まれており、どこかの国と同盟を結べばそれに反発する国民がいて分裂する恐れがあって、特定な国とは同盟しないことにしたそうだ。

スイスの歴史的教訓は「二国間同盟は他の国を敵に回す」事になることでした。二十歳になると5か月間の国民皆兵の義務があるそうだ。

日本は日米同盟という二国間同盟にこだわりすぎて

しまって、日米同盟で安全になるどころか、隣の国の北朝鮮、韓国、中国、ロシア等をわざわざ敵に回しているようで、国民を守る安全保障といえるのか。

スイスには、赤十字社など35の国際組織、250のNGOの拠点が置かれている。2割が外国人だそうで、どこの国もスイスを攻めようとしないし、国際平和への尽力もスイスの得意技だそうだ。

軍隊を廃止したコスタリカは、ニカラグアとパナマに挟まれた国でコロンブスがこの地に到達したときに名前を付けた「豊かな海岸」という地名に由来するそうだ。1948年軍の国民無視の軍政から国民が反発し内戦となり、実権を握った政府が軍隊を廃止した。その理由は「軍事国家は人権や、自由を抑圧するもの」だということだそうだ。その後、周辺諸国とは友好な関係になるよう常に努力し現在に至っている。

コスタリカはスイスと同じく国際機関の誘致や平和の調停を進める政策で、中立宣言するだけでなく、具体的な平和の努力をしているそうだ。有事の際は徴兵制を行うことができるそうだ。この国は防衛に掛かる予算を教育、社会保障などに重点的に使い幸福度は常にトップクラスだそうだ。

スイスとコスタリカは武装と非武装の違いがあっても、周辺諸国に対する態度や世界平和に貢献しようとする姿勢は同じで、それぞれの過去の歴史に学び中立宣言の道を歩んでいる。

憲法9条を持つ日本は、今の世界の現状では現実主義をとらざるを得ないと言うだけでなく、将来を見据えた周辺諸国との友好条約に努力し、中立への道へと舵を切る時ではないだろうか。

現在は、抑止力で自国を守るという国が多いが、この状態は、いつか軍事力の力関係が変わることを考えておかなければならないと思う。この事は安全保障の担保が崩れる事につながり、悲惨な結果もあり得ることだ。それを考えると日本は「国際紛争は、武力で解決しない」とした憲法に則り中立の道を歩むべきでないかと考える。

政治家は　けんかしない
止めるのが　仕事だ
けんかすれば　傷つく者が出る
政治家は　けんかを止めるのが仕事だ
だから　政治家はいる
そういう政治家なら　信用できるかな

■イージスはいらね〜！

防衛省の「イージス・アショア」計画は、北朝鮮の日本周辺への、度重なる弾道ミサイル発射を受けてのものでした。

北朝鮮はアメリカ本土を狙う大陸間弾道ミサイル（ICBM）開発を進め東アジア情勢は緊張し、アメリカは自国が危うい状態に陥らないように、日本にミサイル防衛体制の強化を求めてきたものでした。

安倍政権主導で、イージス・アショアの機能を検証のないまま導入ありきで進められたものです。

２０１７年２月に安倍首相は訪米し、アメリカ製品購入呼びかけを公約とするトランプ大統領と会談し、帰国後の国会で米国製防衛装備品の購入に関し、「我が国の防衛に不可欠で、米国の経済や雇用に貢献するものだ」と言い放った。

その後イージス・アショア導入がスピード感を持って、同年12月に閣議決定されている。

これは、日本に必要かどうかの議論もなく、精査も不十分のまま進められた。

その方針は住民の強い反対や疑念に会い説明不能に陥った。

最適地としてきた秋田県新屋演習場では、山の高さや津波対策、山口県むつみ演習場ではブースターの落下のことで、嘘が発覚し説明できなくなってしまった。

防衛省は2013年にイージス艦4隻では防衛能力に不安なので、8隻体制なら大丈夫との理由で進め、令和3年には8隻になる。

それなのにトランプ大統領の求めに応じて2基で8000億円とも言われるイージス・アショアを、新屋演習場とむつみ演習場に配備を予定したものだ。

この間2年半の住民運動で新屋演習場はハワイの米軍基地、むつみ演習場はグァムの米軍基地を守るもので、日本を守るものでないことが明らかになった。

防衛省は住民の反対で断念したイージス・アショアを、イージス艦2隻に変えて10隻体制にしようとしている。

その主な理由は、イージス・アショア2基はアメリカと事前契約として1,800億円で契約済みで、既に200億円を払っているので、このまま捨てるのはもったいないとのことらしい。安倍首相が首相退任のときに「相手の能力が上がっている中で、今までの議論の中に閉じこもっていいのか」と言って、自民党の防衛族議員の「敵基地攻撃能力保有論」を勢いづかせた。「安倍政治」の継承を掲げて登場した菅内閣はそれを推進する方向だ。

「敵基地攻撃能力」とは相手が攻撃する前に相手を先制攻撃する能力の事だ。

日本国憲法は前文で、国民に等しく平和のうちに生存する権利を保障している。国民一人一人が国の名誉をかけて、その目的を達成することを誓っている。この日本国憲法を全く無視して「ミサイルを打ち落とせないなら、相手を先に攻撃してしまえ」ということで、軍備増強は限りなく続き、理由は何とでもつけて軍拡に走り防衛予算がどんどん増える、こんな事でいいのか。日本国憲法の前文を知らない人ばかりではないはずだ、もう一度読んでもらいたいものだ。

この金は、私たちの税金である。コロナ禍・自然災害・社会保障費などに回せば、日本国民の幸福度は152ヶ国中52位と言われているが、トップクラスになる事はまちがいない。世界の貧困問題解決に貢献することもできる。かつての日本は「専守防衛」に徹して、他国を攻撃することはないと世界から平和な国として信頼されていた。それが安倍政治の7年半の間に、積極的平和主義（軍事力をバックにして世界の平和に貢献する）という外交に転じて信頼が崩れた。

例をあげれば、ＮＧＯから派遣され世界の紛争地で活躍する日本人のボランティアの人たちは、どこへ行っても信用され感謝されていたが、安倍政権が誕生してから、その国の国民からは敵として見られているアメリカと一緒の日本人として、危険にさらされている事など相次ぎ、この間数々の事件が起きている。

アジアの国々からも危惧されているのではないか。ミサイル攻撃優位のための、軍備増強は常に相手国と競争になり、１００％優位になることはないし、１００％相手国からの攻撃を阻止できないだろう。

私たちがミサイルの脅威から安全を守るためには、ミサイルを使われるような戦争をしないことしかない。

スイスの選んだ道は「2国間同盟は他の国を敵に回すこと」という理由で中立国を宣言した。

日本のこれからの進むべき道は、アメリカとの軍事同盟と一体化で進むのではなく、米中対立などに対しては万が一の事が起こらないように、仲介外交に徹するなど、どの国とも平等な外交努力をすることではないかと私は思う。

秋田弁で川柳一句

おらがだど　みなしてやれば　おかねぐね
（私たちと　みんなで頑張れば　怖いことない）

第二章　今を生きる人たちの叫び

1、住民の結集でミサイル基地撤回させる

（新屋勝平地区）荻　原　輝　男

2017年11月突然「秋田さきがけ新報」にこの勝平に、ミサイル基地【イージス・アショア】配備計画の報道があって、その直後から私たちは有志でスタンデング・宣伝カー・ビラ・署名などで闘いの活動に入りました。それは「5400世帯、1万3000人の住宅隣接地に、命に係わる基地配備は許されない」との思いからでした。

政府防衛省が決めたことに対する闘いで、展望等はなかったが、とにかく勝平地域全体が起ち上がり、知事・市長が住民の側で動くようになれば開かれるのではと、できることを何でもやろうと取り組みました。

撤回を求める動きは、その後地区16町内で結成の連合会「勝平地区振興会」が配備反対、撤回を求める決議となり、秋田市内の他の町内会でも、決議を上げるところが出るなどへ進み、さらに県内の各市町村議会で反対決議（24自治体・96％）をすると大きく広がりました。そしてスーパーやコンビニへ買い物に行くと「ミサイルで訴えている人だね。思いは同じ」などと声をかけてくれる人が増えてきて、闘いの前進を感じられるようになってきました。

原水爆禁止世界大会・日本母親大会での訴え、外国メディアからの取材、各種団体集会での報告、全国各地からの現地調査案内などにより、運動の輪が全国から、世界的にも拡大していきました。

そして革新系国会議員から・知事・市長・保守系議員等も、「新屋配備は無理」という方向になってきて、

防衛省を追いつめ、2020年6月ついに配備断念となったものです。これは勝平住民のあきらめない思いが、行動の積み重ねとなり、県内から全国、世界と広がりを見せ、配備撤回につながったものだと思います。いわば住民の草の根からの、小さな声と行動の継続が、大きく広がっていって、政府の強引な基地計画を撤回させた、画期的な勝利の闘いであったと思っています。微力ながらも配備撤回を求めて取り組んできた者として、歴史的に残る住民の闘いが実って、この地にイージス・アショアが配備されずに、本当に良かったと思います。

2、政府の閣議決定を覆した歴史的な勝利に貢献した平和委員会

(秋田県平和委員会顧問) 風　間　幸　蔵

秋田県平和委員会は、2017年8月の「日米外務・防衛担当閣僚会合（2+2）でイージス・アショアの日本導入（配備先不明）が決まったことは知っていたので、11月12日の「秋田県が候補地」という魁新聞報道を見て直ちに情報収集を行い、役員会で分析・検討し、イージス・アショアは日本防衛と無関係の米国ミサイル防衛システム（ＢＭＤ）の巨大な「ミサイル基地」であることを確認。政府が言う「北朝鮮が発射する弾道ミサイルから国土と国民を守るため」は口実に過ぎないと判断。もしこれを許せば「秋田県民は将来にわたって危険な軍事基地と共存」することになり平穏な暮らしができなくなると考えて、直ちにアクションを起こしました。

11月17日に知事と秋田市長に「反対するよう」申し入れ、記者会見しました。19日には「戦争法撤回!立憲主義回復19日行動」の集会で「申し入れ」結果を報告し、「秋田にミサイル基地はいりません」という知事と議会議長あての署名運動を訴え、協力を呼びかけ

ました。

事務局はさっそくチラシを作り、署名用紙を印刷して全県の会員読者に届け、1週間後には全県的に署名活動が始まりました。秋田駅のポポロードでは「ミサイルとんでもない」「戦争は絶対ダメ」とすすんで署名する人がいる一方、「よく分からないと躊躇する人も最初はいました」。労組や団体・個人からも署名が届き、短期間に全県下から約2，000人分が集まり18年2月と4月（追加分）に知事に提出、マスコミが大きく報道しました。

また、いろいろな団体が競って開催した中央講師による講演会や地元町内会の動向を伝えるマスコミ報道のほか、住民、団体、職場など自主的な大小の学習会が進むにつれ（この講師に平和委員会の役員などが当たった）、秋田市民を中心に県民の関心は急速に高まっていきました。

同時に、秋田駅西口の大屋根下で毎週金曜日の夕方5時から30分間のスタンディングを始めました。「ミサイル基地は秋田にいらない」の横断幕と旗やプラカードを掲げ、チラシ配布や署名を訴える人も含め毎回15人前後の参加。リレートークの効果は確実に広がっていきました。18年2月には東京の朝日テレビの取材があり「勝平の会」と一緒にスタンデング、全国放映されました。

県庁前で　平和委員会風間氏

同年5月、防衛省の説明官が来県する機会をとらえ、「勝平の会」とも相談して県庁前でもスタンディングを始めることにしました。毎週月曜日の昼休み30分間、県庁正面前の歩道で、宣伝カーを横付けしてリレートーク、毎回20~25人が横断幕とプラカードを掲げて立つ姿は壮観そのものでした。欠かさず参加された「勝平の会」、平和委員会、新婦人、国民救援会、映画センター、その他市民の皆さんに心から感謝申し上げます。

なお、防衛大臣の4回の来県時には120~140人に膨れ上がり、抗議の意思を伝えるスタンディングはその都度成功しました。

2020年6月25日の歴史的な勝利に当たって、秋田県平和委員会は「声明文」を発表しました。その要点をご紹介します。

【イージスの配備が撤回されました。本当によかったです。これまでのがんばり、お疲れさまでした。ともに喜び合いたいと思います。】

【河野防衛大臣の「秋田・山口へのイージス配備断念」「代替地も困難」という発言は、政府が一旦閣議決定した政策を断念するきわめて異例な事態であり、秋田県民の「住民の声を聞け」の思いが政治を動かした歴史的な勝利です。

地元住民のみなさんや町内会・振興会をはじめ様々な団体や個人が声を上げ、学習し、説明会に参加し、議会を傍聴し、署名を集めるなど、粘り強く活動してきたその力が、知事・市長・県議会・秋田市議会を含む24市町村の請願・陳情採決になり、参議院選挙で野党統一候補が勝利し、「イージスは新屋にいらない」の一点で県民が一つにまとまりました。すばらしいことです。みなさんとともに喜び合いたいと思います。】

平和委員会は「戦争に反対し平和を守る」個人加盟の市民団体NGOです。

今回、ミサイル基地イージス・アショアを考える県民の会の事務局の仕事をさせていただき、平和を願う多くの皆さんと出会い、いろいろ学ぶことができました。ありがとうございました。これからも安倍自公政権を引き継いだ菅政権の独裁的な「強権政治」に反対し、憲法9条を守り、子供たちに核兵器も戦争もない平和な日本を残すため、共に力を合わせてまいりましょう。

3、イージス・アショア配備撤回逆転勝利

（仙北市議会議員）平　岡　裕　子

2020年3月定例議会最終日、イージス・アショア配備撤回を求めて国への意見提出議案を提出し、陳情団体の皆さんを傍聴席に迎えて審議がおこなわれた。当日の出席議員は議長を除くと17人である。採決結果は、議長の賛成少数発言の下、不採決となった。ところが、ここからドラマの展開となった。

私は議席が前列であり、同僚議員の賛否の態度は把握はできず、『またダメだったかぁ』と落胆した記憶が鮮明にある。

閉会後、傍聴者の多くが、「賛成少数ではない。同数である」と事務局、議長室へと繰り出したのである。当市議会はライブ配信をしており、映像記録を確認したところ、一人の議員が退席をしており、採決時は、16人で賛成者が8人であったから、同数ということになる。

議長は裁決ミスを認め、これまで例を見ないやり直し審議をすることとなり、後日臨時議会開催となった。

2017年秋、イージス・アショアを、秋田市新屋演習場に配備する計画があり、12月中旬には閣議決定の予定とのニュースが飛び込んできた。私は、このことは秋田市だけではなく、有事の際、県内全域に及ぶ問題として、一般質問に取り上げ、市長の見解を求めた。市長はマスコミの報道であり経過を見守りたい。議長からは、国防は、市議会の一般質問にはそぐわないので、質問を慎むようにと注意を促された。傍聴者からは、国防問題も市民の暮らしに関わることなのにと、議長の発言を疑問視する方もいた。

日本共産党仙北市委員会をはじめ市民の皆さんと共同して組織された仙北市9条の会では配備撤回を求める運動を広げていった。2019年6月議会に318筆の署名を添えて請願書提出、委員会審議では継続審査、この頃は、関心も薄く私はしかるべき判断と理解した。

9月議会では、担当委員会では、賛成多数で可決されたが、本議会では否決。12月議会では県民の会の皆さんから出された陳情は、委員会の委員の中には、イージス・アショア新屋配備の件は、本会議で決定されているので審議の必要なしと賛成少数で不採択となった。

そこで、あきらめきれない私は、賛同者を募り、議員提出議案として本会議に提出した。結果は、賛成少数で不採択になった。こうしている間に他市議会では、配備撤回の陳情がどんどん採択され、取り組みが速かった仙北市は遅れていった。

仙北市9条の会の方々は、各議員を訪問し配備撤回への質問を呼びかけ行動をした。2020年3月議会では、賛成多数で採決に持ち込みたいと新たに挑戦を試みた。前年12月議会では参議院選挙戦では、イージス・アショア配備反対の立場をとった市民と野党統一候補者寺田静氏の当選の後押しに期待したが、これも賛成少数で不採択。そして、3月議会に、新たに国への新屋への配備撤回を求める意見書提出を求める議員提出議案を提出することに。結果は冒頭のとおりである。

年度末の押し迫った3月27日、臨時議会が招集され、新屋演習場にイージス・アショア配備撤回を求める意見書提出を求める、議員提出議案1件で議論された。新屋は住宅地に近いからダメだ。とこの一点で撤回を求め、前回退席した議員を説得、反対議員の同意を得ることができて、賛成10、反対7で「採択」となった。

私は討論で、イージス・アショア配備しようとしている場所は住宅地に近く、秋田県民、地元秋田市民の皆さんの不安、不満、憤りは日ごと強まっている。その表れとして、たくさんの請願、陳情が県内自治体にも寄せられ、わがこととして審議され、配備反対が採択されている。仙北市においては採択がかなっていない。遠い秋田市の事を仙北市で議論することはない。国の施策であるから地方自治体で議論することではない。などの意見はあるが、対岸の火事ではなく、我が事として考えて欲しい。

昨年秋ごろ、数人の友人と予定地を見てきた。自衛隊演習場は草木が茂り周囲を鉄柱の柵と上部はバラ線が張られ場内の様子を見る事はできなかったがすぐ近くの高校からは、甲子園を目指す球児たちの元気の良い声が聞かれ、近所の方からは、自衛隊員の降下訓練の様子もよく見えると話を伺う事ができた。勝平寺の墓地に隣接する公園からは、眼下に日本海、草木でうっそうとしている演習場の近くに眺めることができた。土崎セリオンからは一望でき、住宅地に近い事も実感した。レーダーから発せられる電磁波、有事の際の計り知れない不安からこの地への配備はあってはならないと強く思った。まもなく再調査の結果が出て、防衛大臣が近く秋田市を訪れるとしている。県民、市民の声が反映されるように後押しをするためにも、イージス・アショア配備白紙撤回の意見書提出について、議員各位のご賛同をお願いしたいと訴えた。

採択後、議長は裁決ミスの責任をとり議員を辞職し、新議長が誕生した。市民と議員は最後まで諦めず、党派を超えた粘り強い行動、傍聴者が議会の監視役となることを学んだ約3年だった。

4、大河の一滴

（秋田市御所野）生田目　昌　明

秋田・山口へのイージス・アショア配備が閣議決定された当初、県庁前でのスタンディングの際、「何故、秋田を守ってくれるイージス・アショア配備に反対するのか」と興奮し詰め寄る男性が結構見られました。北朝鮮のテポドンが男鹿半島を越え太平洋に着水した事や、Jアラート警報による避難訓練も最初に男鹿で実施され、あたかも北朝鮮のミサイルが秋田を狙っているかのように思われた方も多くいたのではないかと思います。これ自体政府の意図に沿った工作のように思えてなりません。運動の初期イージス・アショア配備反対の運動で、配備が阻止できると思われた方はほとんどいなかったのではないかと思います。識者の中でも「閣議決定された以上、撤回はあり得ない」とする意見が多数であったように思います。私自身も運動に参加しながら、沖縄のように長期の戦いになると覚悟しておりました。

秋田への移住者としての私にとっては、秋田の知人はほとんどおりませんでした。このことを裏返せば、秋田に長く住まわれていた人にとってはよそ者であり、どのような人間であるか疑わしい人間であると見られてもしかたないとおもいます。一方、しがらみが何もない私にとっては、遠慮することなく私自身の感覚で運動に参加する決意でした。

国会前デモは、「安倍辞めろ！」の意思表示も様々で、参加者は自分の意思に基づいて参加し、行動しておりました。それぞれの自由な意思によるものを出発点として行動しており、労働組合・政党の指示による集合体の過去の行動スタイルとは、明らかに異なっていました。

私もひとりの秋田市民として、イージスアショア配備反対の意思を行動に表すことが何よりも大切と思っていました。「市議会へのアンケート」・「イージスアショアの電磁波の影響」・「核攻撃による被害予測等調査」等の学習を進めました。これらの資料を秋田県知事・秋田市長・秋田市議会議員全員・県議会会派に配布しました。これらの活動に駆り立てた背景には、ミサイル攻撃の標的になる恐怖もありましたが、何よりも私の故郷、福島での原発災害での経験があります。「国は必ずしも、国民を守ることはしない」「逃げ惑う住民に対して正しい情報を提供することもない」被害を受けた人々に「それは、想定外の出来事」を理由に責任回避をする。これらのことが、肌感覚として記憶されており、自分の生活と命を守るため、再度国策の犠牲にならない思いを持っていました。

そのためには、国・県・市に対して、最悪の場合を想定し、それによる住民の犠牲と被害の予測を示し、「想定外である」ということを許してならないこと、さらに秋田市民の皆さんにその犠牲の大きさについてある程度の科学的根拠を示し、反対の意思を広げることが必要と思いました。

私自身が調べた内容は、秋田市に配備が予定されるイージス・アショアへ核を含む攻撃をなされたとき、どの程度の人的な被害が予測されるのか、広島に投下された原爆の被害調査データに基づき秋田市にあてはめ予測をだしました。その結果、少なくとも死者数54，900人・負傷者数43，000人に上ることになり、その計画の無謀さを示す結果となりました。

また、イージス・アショアのレーダーから照射される電磁波の影響について、防衛省が主張する安全基準1000㎼／㎠は急性障害を生む基準であり、がんの発症や頭痛・吐き気等の体調不良を生ずることを避けるには、1㎼／㎠以下の基準でなければならないことが、疫学調査から示されております。さらに、「たとえ科学的根拠が明確に示されていなくとも、その被害が生じたとき甚大な影響が予測されるときは、それを避ける措置をとることを原則とする」予防原則に基づき、欧州各国では、1㎼／㎠以下としています。防衛省の事前調査では1㎼／㎠を30倍・60倍を示す結果となっていました。健康被害を生じてもおかしくない数値でした。

私が、これらの数値に拘る理由は、福島原発事故において、国・東京電力は13m以上の津波が来ることを予測しながらも何ら対策を取らず、災害が生じたときは「想定外の出来事」を理由に責任の回避を図っています。

たとえ国の防衛政策においても、住民の犠牲を当然とするならば、それは戦前の国の在り方と何ら、変わらない姿勢といえます。まして、イージス・アショアは、日本を守るのではなく、米国の弾道ミサイル防衛の基地とするなら、それは絶対に許されることではありません。

国の政策に反対の意思を示すには、微々たる力しか持ちませんが、この反対の一滴の意思は、平和を望む大河の流れの一滴になると思います。

5、署名運動の力を感じた

（湯沢市）鈴　木　甚　朗

「やったぁ！」6月25日、河野防衛大臣（当時）の「陸上イージス」配置計画の撤廃表明に追い込んだ。県内平和運動史上に輝かしい一ページを刻んだ瞬間でした。

これは、まずは地元「勝平の会」が配備の報道後、直ちに行動を起こし、投じた一石の波紋が広がり全県全体の闘いとなり、閣議決定した国策を撤回させる画期的なもので歴史に残る快挙となった。今後の平和運動に確信を持たせるものとなった。

しかし、手放しで喜んでばかりではいけない。政府は、「転んでもただで起きない」したたかさで、すぐに「敵基地攻撃能力」を強める「ミサイル防衛」計画を発表。これを完全に中止、断念させるために運動を止めてはならない。今回の闘いの教訓を生かさなければならない。

今回、私の取り組んだのは十分とは言えないが学習と署名に力を入れて取り組んだ。政府が、米国製の陸上配備型迎撃ミサイル「イージス・アショア」（以下陸上イージス）の配備を秋田市の陸上自衛隊新屋演習場と山口県萩市、阿武町の陸上自衛隊むつみ演習場に配備するとの報道に驚いた。

「陸上イージス」とは、どんなものか、どんな影響、被害があるのか、県知事や秋田市長の姿勢が曖昧でよく分からないし、地元新屋の人でさえ「配備された場合国から多額の資金援助があり地元経済に効果があり、活性化になるのでは」とテレビでの発言もあり、これまでない難しい闘いになるなと感じた。

政府が1988年海上自衛隊にイージス艦を導入し、2003年7月17日にイージス艦「妙高」が秋田港に入港するできごとがあったが、抗議行動に参加しなかったし、イージス艦についての学習もきちんとしなかったことを反省し、今回はまず学習することから始めた。

小泉親司元参議員、学者を講師に迎えての「イージス・アショアを考える県民の会」の主催（以下県民の会）の学習会に数多く参加した。また現地のフィールド・ワークにも参加し、自分の目で見て、松林と雄物川、日本海に囲まれた新屋の街、わずか500mの所に学校、住宅地があり、どんなにか平穏な日常生活が脅かされるか実感することができた。

運動を広げるためにも湯沢でも学習会が必要と、毎年行っている、民主・平和団体、政党10団体による実行委員会主催による「戦争しない！させない！」湯沢雄勝集会に、2018年「12月8日」集合に「勝平の会」代表2人を、2019年「8月15日」集会に新屋勝平地区振興会の代表を招いて学習会を開催した。

「勝平の会」の代表からは、「イージス・アショアとは」、「勝平地区はどんな所か、そこへの配備する施設は」、「なぜ陸上イージスは秋田と山口なのか」などについて具体的に分かりやすく教示、理解を深めることができたし、新屋勝平地区振興会の代表からは、さまざまな考え、意見が多いなか粘り強く何度も話し合いを続け、まとめ上げるに至った苦労を語っていただき、何としても、撤回させるまでがんばらなければならないと、気持ちを高め固めるものとなった。

「九条の会・ゆざわ」は、9の日行動の中で、「陸上イージス」の危険性を訴え、配備撤回させる街宣行動を繰り返し行った。又、「イージスは日本のどこにもいらない」「NO！イージス・アショア」などのポスターをつくり商店街でスタンディングを行い市民にアピールした、個人としては、署名を集めることに力をいれた。

何回か署名集めをしたが、最後の「県民の会」の県議会議長と秋田市議会議長宛の署名では「陳情」を何度も「継続」する両議会を必ずや「採択」させ県民全体の意思をはっきりとさせる上で極めて重要と思い意気込んでとりくんだ。

いつもの署名と違い、一人が二つの署名、直筆という条件があり、「陸上イージス」反対と署名の仕方を丁寧に説明すること、同じ人が重複しないよう慎重に。夫婦であっても片方が不在の場合には、二度も訪問し手間どるものだった。

いつもの人だけではなく、これまで一度もお願いしたことがない人に当たってみた。思い切って保守の選挙運動している人に訪問。ところが、「イージスは駄目だ」と快く署名してくれた。これに自信を得て初めての人に広く当たったが拒否する人はいなかった。運動が市民に浸透していると実感した。

この署名で両議会、県知事、秋田市長の態度を変えるものとなり、改めて署名の力を再認識させてくれた。

今一番の事は、次の衆議院選挙で本気で政権交代、野党連合政府実現させ、「戦争のない平和な日本」にすることだと切実に思うこととしきりである。

6、夕焼け空

（新屋勝平地区）佐　藤　厚　子

秋の日暮れは早い、勝平寺の丘から見える夕焼けの空は本当に美しく、天女が舞い降りたようにオレンジ・ピンク色の羽衣の空が一面に広がる。そして大きな夕陽が水平線のむこうに消えていく瞬間は感動的である。このような素晴らしい環境に恵まれた地が、よもや軍事基地に選ばれるとは誰も想像していなかった。
報道で候補地とされてから、不安と恐怖にさいなまれ平和でのどかな日常が一変し、きれいなはずの茜空も戦火のように見え、おどろおどろしく心に重くのしかかった。

『国の言う事には逆らえない』『アショアは5年後に設置される』、そんな言葉におびえ「どこか安全な所へ逃げなければ」「故郷を捨ててどこにいったらいいのか」と悩みの日々が続いた。その時原発事故で突然に故郷をやむなく離れた福島の人達の苦しみを思った。又、絶対に基地を作らせないと命がけで闘っている沖縄の不屈の精神を思った。

ポポロードでの署名活動

私たちは「イージス・アショアはいらない」の合言葉を胸に立ち上がった。勝平、県庁前、秋田駅前と週に3回のスタンディングアクション、防衛省の説明会、議会の傍聴、3度の署名とできる限りの行動に参加し声を上げ、何としても阻止したいと皆必死に頑張った。

特に真冬の署名活動は辛かった、小心者の私が見知らぬ家を一軒一軒訪問し署名を頂くには、かなりの勇気と気力体力が必要であり『そんな署名しない』『あんた達何で政府の言ってる事に反対する』『お金入ればこの町繁盛するべ』と頭ごなしに怒られ、演習場から1キロ圏内に住んでいてこんなにも意見が違う事にあぜんとし、さらにかわいい学生が目を輝かせ『この町がお国から選ばれた事は光栄で名誉な事ではないのですか』といわれた時、国を愛するとはいえ、あの悲惨な戦争への道は食い止めなければと強く思った。

私達夫婦は「イージス・アショアはいらない」の歌を創り、反対運動の力になればと歌ってきた。同じ候補地の山口でも歌われ又、全国のうたごえの仲間も歌ってくれた事は大きな喜びになった。

　秋田魁新聞でも取り上げてくれたが、最初のころに娘と作製した「リスの看板」は、にらみをきかせ通学の子ども達を見守りこの2年半、雨風にさらされてすっかり色あせてしまったが一緒に闘った同志である。配備撤回となり、ようやくお役目終了という事でわが家に帰ってきた。仲間の一人が「よく頑張ったね」と顔を優しくなでてくれた。

　白鳥がくの字形に連なり夕焼け空を渡って行く、もうすぐ厳しい冬がやってくる。

　イージス・アショアのその後がどの様になるのかとても心配であるが、今世界の国々が何よりも命の尊さに目を向け、武器を捨て、人と人が手をつなぎ支え合う、平和への道を歩みだしてほしいと心から願っています。

声届け　白鳥の空　澄み渡る　　佐藤　義雄

7、配備計画反対の県民署名で感じた事

（秋田市新屋勝平地区）齋　藤　まき子

　2020年6月に突如、秋田県・山口県へのイージス・アショア配備計画を中止との河野防衛大臣の会見を聞き、日米安保条約の下での防衛装備品として買わされる武器が、ブースター落下地点、予算や、開発時間が遅れるとやらで計画を撤回とのことでした。

　国策でましてや国防である、正直この反対運動がいつまで続くのか、いつ終わるのか、私の元気なうちには配備だけは許さないと頑張ると思っていた矢先、防衛省が配備撤回を発表した、「えっ！そんな事があるんだ」「バンザイ」をする迄少し時間がかかりました。

　配備反対の声を他の団体の方と共に声を上げ、真夏の炎天下でも、雨の日も、寒風吹きすさぶ雪の日も、

2年半、県庁前や新屋豊町でのスタンディングで断念させたことです。

２０１９年10月に県民有志で新屋配備反対県民署名がスタートし、勝平の会として私はすぐとはいかず、まず少しずづ友人、知人にお願いしたくさんの署名をもらいました。その後署名用紙を横目に、誰に頼んだらいいのか、どこへ行けばいいのかなどと考えながら、新年を迎えてしまいました。

ポポロードでの署名活動

豪華客船でのコロナ感染のことも遠い場所での出来事のようにおもっていましたが意を決して町内をまわる事にしました。難しいことは話できなくても、日本のどこにも、新屋勝平にもこんな物騒な兵器はいらないと訴え、新屋勝平地域のこの美しい景色を子供や孫たちに、このまま残したいことを話そうと決め、最初に伺った方は公明党支持者の方でした。配備は反対ですが署名はできないと断られました。

次に会社経営の事務所にも頼み、社長さんも反対なので従業員の皆さんも署名して下さいました。

とにかく反対だから署名するよと快く応じてくれる方がいる一方で、元自衛隊なので書かれない方、北朝鮮や中国が攻めてきたらどうするのか等々、若い方の無関心と、女性の方が主人に聞かないと分からないという方の多いのにビックリです。女性であるからこそ自分の意見を持ち合わせてほしいし、子や孫たちに、この住みよい勝平を平和を残そうと思ってほしいと、つくづく考えさせられました。

何人かの方には、用紙を置いてきてお願いしましたが、仕事の関係上や主人がダメとのことで戻されたり、一方署名して待っていてくれたり、中には何処で署名しているのか分からず、訪問を喜んでくれその場ですぐ書いてくれた方もおりました。とにかく頑張ってほしいとか言って、1時間以上も安倍政権への批判、県議会、秋田市議会、自民党、公明党への不満を話す方もおられました。

一番印象に残っている事ですが、チャイムを押したら犬の鳴き声がします、私は犬をだいて応対してくれると思い、署名のお願いですとお話しても、立ち去るまで鳴き声がしていました、もしかしたら知らない人や押し売りを退治するために養っているのかと思いました。

世の中いろいろな人がいるけれど、もし故意にだとしたら私が立ち去る姿を見ていて何を感じてたのだろうと思いました。隣の家では快く署名してもらいました。町内会のある家では、私を家に上がりなさいと部屋に通され、お茶をごちそうになり旦那さんの趣味のお話を、延々と聞かされたり様々な事がありました。この署名が1ヶ月遅れていたら、コロナ禍で家庭訪問もできなかったでしょう。この署名行動があったのと、全県24議会が反対決議した状況を反映し県議会・秋田市議会で最後まで態度を明らかにしなかった自民党・公明党もようやく請願に賛成をし6月全県の26議会がようやく採決することになりました。

私たち一人一人は蟻のように小さくても、諦めずに粘り強く意を同じくする仲間と行動したことが、象のような大きな権力者をも動かすことができたと思っています。地域の方々のやさしさにも、沢山の署名にも勇気をもらい励まされた活動でした。

菅政権は、また、新たに攻撃型のイージス艦を造ると報道されていますが、もうこのような住民運動が起こらないように、平和外交のできる政府をつくらねばと思いながら今活動を振り返っています。

勝平の会の皆さん本当にお疲れ様でした。

8、未だに消えない不信感

（勝平寺住職）髙　柳　俊　哉

「石山の観音様は良いところに立っているな、夕日も奇麗に見えるし、男鹿半島も鳥海山まで見えるものな」地域の人たちはそう言ってこの地を親しんでくれている。勝平地区、新屋地区、茨島地区の人たちの散歩コースの最終目的地がここ、石山平和観音霊場としている人たちが多くいらっしゃいます。

「毎日、観音様にお参りをしていると、その時によって表情がちがって見えるのよ、お参りして帰ると気分がいいわ」と教えてくれた勝平のおばちゃん。

しかし、こんな平穏な勝平の日常を裂くような報道を目にしたのが2017年11月、「地上イージス秋田・山口に配備」と報道された、「えっ⁉」とは思いましたが、まさか秋田市では無いだろうと高をくくっていたら、間もなく陸上自衛隊新屋演習場が候補地の一つにあげられている事を知った。

その後の報道を見ていると、候補地ではなく政府的には、秋田は新屋演習場ありきでグイグイ押してきているように感じた。

周囲1キロ以内に市立商業高校、勝平中学校、勝平小学校が立ち並び、演習場の敷地に隣接して住宅が密集している、誰がどう見ても適しているとは思えない、私はそう思ったが、このふりかかる火の粉をどうしたら払えるのか、最初に頭をよぎったのは、沖縄の普天間移設問題のように、政府はゴリゴリとやり始めるんだろうか、国民の声よりもイージス・アショアの唸り声を聞きたいのかと、腹立たしさを通り越し怒りを覚え、頭の中はマイナスの展開から始まった。

そんなある日、お檀家さんの一人が、「イージス反対の署名運動をやっているんだども、お願いできませんか」と署名用紙を持ってこられた。当然私たち家族、全員が名を連ね、その用紙を寺の玄関や人の目につくところにも置きたいと願い、用紙を多めに貰った。寺にくる人にお願いしようと思ったからだ。用紙を見せると皆さん「待ってました」と言わんばかりの勢いで署名をしていた。

私もだが、イージス反対の意思をどうやってどこで表明したらいいのか分からない人たちが多くいる事も分かった。中には会社や友達にも書いてもらうからといって署名用紙を持ち帰り、その結果多くの方々の署名を頂けた。

こういう事に奥手でおとなしい県民性を持つ秋田の人たちだが、強い反対意思を持って署名されているのを見て、マイナスの展開から始まった私自身も「やらねば」という思いに変わっていった。人々が一丸となれる署名運動だったと強く感じている。今はこの署名運動の先に立ってくれた人たちに本当に感謝している。勝平の地を救ってくれた。

人類の歴史をたどれば、それは戦争の歴史といわれる。当地の石山平和観音様は市民の方角に背を向け日本海を向いて立っている。そこには日清戦争、太平洋戦争で亡くなった人々の御霊の安らかと世界平和を願う文面が書かれている。愚かな失敗をしてはいけない事を、この観音様は教えている。名称の通り平和を祈る観音様なのだ。

ここ勝平の地は、１９１７年（大正６年）から22年の歳月をかけ１９３８年（昭和13年）４月27日、雄物川放水路が出来たことで、三角形の島になり、７本の橋でつながっている、それまで氾濫する暴れ川だった雄物川も放水路のおかげで、いまは滔滔とした大河のごとく、大雨であっても暴れることはない。

「平らかに勝るものなし」この「平」とは平和のこと、勝平の地は平和を願う地なのだ。

ご紹介いたします、１９５２年「昭和27年5月11日」、この地に石山観音様他40体余りの観音様を配置し、平和と慰霊を祈った発起人の方々を、渡邊哲太郎殿、横山吉蔵殿、穂積孝悌殿、高橋松之助殿、佐川久一殿、山田義助殿、亀田夫殿、他東北パルプ秋田工場殿、こうした先人の思いが潰されなくて本当に良かったとつくづく思う。

半面、私は未だすっきりしない。秋田公立美術大学の学生代表の謝辞で、イージス問題に触れたかった学生は、大学事務局からの削除要請によりこの件を発することは無かったと聞く。希望ある青年まで政治不信を広げてしまっているのではないか、そこには見え隠れする大人の事情。ちょっと前までは聞きなれない忖度と言う言葉だが、今や知らない人はいないかもしれない。

イージス反対は60%以上と聞いているが、あの人たちの本心はどっちなんだろう、知事や秋田市長は、テレビや新聞で一度も「イージス反対」という言葉を発していないように思うが皆さん聞きましたか?私の勘違いでしょうか、はっきりとした言葉を聞きたかった。この度寄稿のチャンスを頂いて、私の胸につっかえていたものがポロっと出てしまいました。ありがとございました。

9、イージス・アショア配備計画は終わったか?

(イージス・アショアを考える北秋田の会会長)

柴森　としこ

あの夏の日、ルーマニアのアメリカ軍による、イージス・アショアの施設のビデオを見た時、とんでもないことだと思った。新屋地区で反対運動の署名をしていることはニュースで知っていた。遠く離れている北秋田だから関係ないと黙っていていいのだろうかと思っていた。

これって、秋田県全体で考えていくものじゃないだろうか、何か出来ることはあるんじゃないだろうかと思った。ビデオを見た後、思いを語った人がいた。そうそう、私もそう思うと共感した私は、はじめて出会った人なのに声をかけた。それが、まりこさんとの出会いだった。二人のパワーと行動で活動出来たことを感謝しています。

（イージス・アショアを考える北秋田の会事務局）

小塚　満里子

K君の手紙が届いたのは9月末だった。K君の手紙にはガンの治療がいよいよ在宅緩和ケアーしかないこと。秋田の人たちとの出会いが自分にとってかけがいのない思い出になっていることなどが書かれていて、これからの療養に励む決意が込められていた。数学者で大学に身を置く50代のK君にとっての別れの手紙とも言える。その手紙に同封されていたのが、「イージス・アショア配備反対」の署名用紙だった。すでに6月末には配備断念となっていたのだから、なんで今頃と不審な思いが胸をよぎった。それから1ヶ月後、K君の訃報が届いた。

イージス・アショア配備計画が断念されたそれまでの1年１０ヶ月の北秋田の会の活動を振り返ってみた。

北秋田の会の原点が勝平の会である。それは２０１８年7月22日の秋田県母親大会in大館だった。勝平の会の人たちが壇上で①イージス・アショアは秋田にいらない②日本のどこにもいらない③ミサイル基地は子や孫に残さないとのアピール。今、何をすべきかと闘いの火をもらった。

その次は平和委員会（北秋田市準備会）の学習会（8／21）。ルーマニアのイージスを追跡した民放ルポのビデオを使ってのイージス・アショアの実態を学んだ。じっとしておれず一人でも出来ることは何かと問いかけ、市民グループ北秋田の会を立ち上げた。二人からのスタートだった。まわりを見回せば知らされていないことばかりだが、反対運動の輪はすでに広がっていたのだ。

北秋田の会の活動は8/31から国会に向けての街頭署名からスタートした。JRの人には敷地内では許可出来ないと追い払われ、大型店舗前での許可願いも受けられなかったことなどもあった。駅前商店街へのあいさつまわりでも反応はあまり良くなく、北朝鮮問題などからイージスは必要という答えもあった。私たちの活動を政治活動ととらえられていることも痛感させられた。思想、信条、支持政党を超えてイージス・アショア配備反対で一致することの困難にも直面した。それらは県議会、北秋田市議会での反対陳情の採択姿勢にあらわれている。北秋田市議会をはじめて傍聴して、議員さんたちが国という大きな権力の前で県民、市民を守る立場に立たないという実態に唖然とした。ニュース報道などからは伝わらないことばかりで、私たちの選んだ議員が何をどう決めているのかを知る良い機会だった。私たちの暮らしは全てこの議会で決め、法律にして我々にしばりをかけてくるという政治的なことと気づかされた。

勝平の会の佐々木勇進さんを講師に招いての「イージス・アショアの今!」の学習会では、地元紙（北鹿新聞、秋北新聞）の取材もあり、北秋田でも出来る限りの活動をやる覚悟が出来た。県議会、秋田市議会の各議員への反対要請のハガキ書き、県民アピール署名、反対を表明しない国会議員はじめ県議（北林、近藤）へのハガキ要請などである。街頭署名から場所を移してのうたごえカフェも17回続けられた。新型コロナウイルス感染の発生により中断されたが、断念後も「歌声サロン」として続いている。

今までの活動の中で、情報提供と対話から出された意見は以下のとおりである。

・平和的な外交なんて出来るの?小さな声は押しつぶされるじゃないの!
・憲法9条が我々を守ってきたか?
・国政レベルの問題だとして身近な地元議員が親身になっていない。怒りを感じている。
・防衛の問題などは学習しなければわからない

最後に事務局を担当した者としての感想を述べる。情報提供と対話の場を提供した会として市民に目に見える活動をしたと思う。しかし、若い人への情報発信が出来ない苦しさ、他団体、グループとのつながり不足を痛感。レッテルを貼られてもいいという覚悟に欠けていたこと。特に政治的といわれると引いてしまう姿勢の弱さ。むしろ平和を守るというレッテル、戦争のない世の中をめざすというレッテルをしっかり貼って歩み続けたいと思っている。

「イージス・アショア撤回!!」当然だけど良かった!!でも代わって「敵基地攻撃能力」とか言い出す人々がいる。平和を願うたたかいはまだまだ続く!!これはイージス・アショア北秋田の会の最後の集会で寄せられたメッセージです。

その後の北秋田の会は歌声サークルぶどうの会（うたごえカフェ）とPeace北秋田（学習の場）に引き継がれたので、もっともっといろんな人と出会いたい。そして、一人一人の小さな声やつぶやきを大事に育てて未来にバトンタッチしていけることを願っている。

勝平の会、県民の会の皆さまには敬意と感謝でいっぱいです。ありがとうございました。

10、小さなありでも大きな象を倒すことが出来た

（新日本婦人の会秋田支部）生田目　静　子

2017年8月、長崎を会場に開催された「核兵器禁止世界大会」に私は、新婦人から参加した。7月の国連で「核兵器禁止条約」が採択されたばかりとあって、どの分科会も感動に包まれていた。全体会のステージでは「私たちは被爆体験を長年世界に向けて語り続けてきたが、まさかこんな日が来るとは想像もできなかった」「小さなありでも集まってあきらめず続け

ると、大きな象を倒すことが出来た」と涙ながらに語る被爆者の喜びの声が強く心に残った。

私たち、新婦人が「イージス・アショア新屋配備反対」の署名行動やスタンディングをしていると「私も反対だけど、政府は力ずくで通してしまう」「反対したってどうせだめだ、国のやることだからな」という言葉に出会った。県議会も秋田市議会も私たちが提出した請願や陳情に対して議会の度に「継続審査」を繰り返した。

住民の気持ちが分かるはずの地元でこうなのだから、沖縄のように長い戦いになるのかなと先の読めない日が続いた。ところが２０２０年６月突然、河野防衛大臣が「イージス・アショア配備撤回」を発表。「小さなありが大きな象を倒した」ことが本当に起きた瞬間だった。

小さなありの一つであった私たち新婦人が取り組んだ活動の一部をまとめたい。

１、まずは学習

「イージス・アショア」初めて聞く言葉、いったいどういうものかさえ知らなかった。平和委員会の方を講師に、新婦人で何回か学習会を企画した。多くの班で独自に講師を招いての学習会が続いた。

また「平和カフェ」を企画し、会員以外の方にも参加を呼びかけた班も多くあった。「防衛省の説明にはうそがある、日本を守るのではなくハワイやグァムなどアメリカを守るためのもの」「ミサイル基地ができたら真っ先に狙われる」「新屋演習場は学校や住宅地が隣接した場所、ミサイル基地を配備するなど常識ではありえない」ということを知り、学習会を重ねる毎に本気で反対していかなければという思いを会員で共有することができた。

２、スタンディング

「県民の会」の一員として毎週月曜日、県庁前で抗議集会。大雨の激しく路上にたたきつける雨音でマイクでの訴えがかき消されることもあった。また吹雪の日は持っている抗議用ボードが風にあおられて転びそうになることもあった。どんな天気であろうと諦めずに本気に取り組む姿に誇らしささえ感じた。

また、新婦人独自で毎週火曜日の朝9時半から秋田駅東口付近歩道で大きな横断幕を持ってスタンディング。「あんた達のやっていること間違っている。北朝鮮からミサイル飛んで来たらうち返さなければだめだろう！」わざわざ戻ってきて抗議する人もいたが、回を重ねる毎に「本当に心配だ、これからもがんばれ！」と声をかけてくれる人や運転中の車から応援のクラクションの合図をくれる人達もあり励まされた。

3、会員が抵抗なく参加できる活動

駅構内や町内会での署名行動・スタンディングには抵抗があって参加できないけど、イージス・アショア反対の思いを気軽に表したいと思っている多くの会員がいる、どんな活動ができるか支部委員会で相談する、

映画監督の有原誠治氏が運動に役立てて欲しいと提供してくれたなまはげのイラストを利用して缶バッチを作ることにした、リュックや手提げなどにつけて反対に思いを気軽に表せるし値段も手頃と買い求める会員が多かった。

又、このバッチは県労連や平和委員会等の団体がまとめて購入してくれた。秋田を訪れた国会議員の胸元にもさりげなくこのバッチがつけられていた。

集会や署名行動、スタンディングに参加する多くの人達がこのバッチを身につけてくれた。新婦人の会員以外の多くの人達に広まったことは嬉しいことであった。

4、秋田市議会に陳情・請願を提出

２０１９年３月の定例市議会に向けて「イージス・アショア配備撤回」の陳情を提出。他団体も提出した同趣旨の請願や陳情は不採択に、６月の定例市議会に

向けて請願を提出、4月に地方選挙があり保守系の議員にも「イージス・アショア配備反対」を掲げ、当選した多くの議員がいた。

新婦人として反対を表明した議員に紹介議員になってもらおうと幅広く各会派を回った。3会派の議員は紹介議員になったが保守系の議員には会うことはかなわなかった。選挙前は反対を掲げていたのに、実際の議会では「継続審査」、この保守系議員の議員8名が公約通りの態度を示していれば、これらの請願・陳情は2020年3月まで引き延ばされずに2019年6月議会で採択となったはずである。

防衛省の調査結果にミスがあったことを伝える地元紙「秋田魁新報社」のスクープ記事、防衛省説明会で職員の居眠り等が重なり、これらのことが瞬く間に全国版でも何度も報道された。このあたりから、秋田住民の意識・関心がさらに高まり、駅構内での署名に応じてくれる人達が増えた。

この流れは7月の参議院選挙にも反映されイージス・アショア反対を訴えた野党統一候補の寺田静氏が当選。この空気は途切れることなく、秋田市のみならず秋田県内に広がりを見せた。26県市町村議会で全て次々に「イージス・アショア配備反対」の決議があがることとなる。

配備反対の世論が全県に広がっていく様子を連日の新聞報道や署名行動をしながら肌で感じた。これらのことが「イージス・アショア配備撤回」へつながることになった。私たちの取り組みが政府を動かしたと実感した瞬間でもあった、と同時に長年理不尽な事に闘い続けている沖縄などの人達にも願いが叶うという同じ感動を味わってもらいたいものだと強く感じた。

11、イージス配備撤回の教訓を生かして

（秋田市楢山）渡　部　雅　子

北朝鮮の弾道ミサイル開発と発射実験の落下物が秋

田周辺に落下する物騒なニュース。北朝鮮のミサイル攻撃を想定した男鹿での避難訓練。何となく不安なところに「地上イージス秋田が候補」の報道。アメリカの「ミサイル防衛システム」の一つであるイージス・アショアの配備先が秋田だとはにわかに信じられませんでした。

米国防衛のために敵のミサイルを迎撃するミサイル防衛システムは、1980年代（レーガン大統領）に検討が始まり、2002年（ブッシュ大統領）に米軍が導入を正式決定しました。日本は2003年12月（小泉内閣）、ミサイル防衛システムの正式導入を閣議決定していました。アメリカは、2005年に弾道ミサイル早期警戒システムをつくり米本土の空軍基地に巨大なレーダーを設置、2006年には、6基の早期警戒衛星（DSP）を軌道に乗せ、2012年3月には日米のミサイル防衛情報を共有する「共同統合運用調整所」を横田基地に設置するという一連の動きの下での秋田・山口へのイージス・アショアの設置だと知ると、「設置撤回は大変なことだ」というのが最初の思いでした。

運動の中で指摘されたように秋田・山口は北朝鮮から米国に向かって打ち上げられたミサイルの軌道上にあること、中国やロシア、北朝鮮を標的に、日本海側に日米両用の軍事基地がつくられようとしているのではないか、イージス設置を突破口に、秋田に日米両用の軍事基地が設けられるのではないかという危惧、そしてイージスは迎撃用とされているが攻撃用に容易に転用できることも不安材料でした。

安倍内閣の下で安全保障関連法が成立したのが2015年9月、2017年には小野寺五典氏を座長に「ミサイル防衛や早期警戒衛星の導入」などを議論。2017年2月、日米首脳会談でトランプ大統領が唱える「バイ・アメリカン（アメリカ製品を買おう）」「ハイヤー・アメリカン（米国人を雇おう）」を受けて大量のアメリカ製武器の購入を約束し、2017年6月、防衛省が「イージス・アショア」導入を決定。同年8月の外務・防衛担当閣僚による日米安全保障協議委員会（2プラス 2）で小野寺五典防衛相は米国製「イージス・アショア」を購入する方針を伝えました。

県庁・市役所前のスタンディング

　こうした経過をたどっての秋田、山口への配備です。計画が明らかになった当初は、道路や周辺の環境整備、隊舎建設で仕事が増えるのではないか、家族連れの隊員が来て地元経済が潤うのではないか、国から基地交付金が出るのではないか、などの期待の声がありました。また佐竹秋田県知事、穂積秋田市長も「イージス配備反対」ではなく配備に期待しているような発言が目立つという状況でのイージス・アショア配備反対のたたかいのスタートでした。

　２０１７年12月、配備先未定のままイージス・アショア2基導入を閣議決定。２０１８年5月には秋田県の陸上自衛隊（陸自）新屋演習場と山口県の陸自むつみ演習場を配備候補地に選定し、２０１９年度予算案に１，７５７億円を計上、設置場所を確定する調査の開始から２０２０年6月までの配備計画撤回に至る経過や取り組みは他の人が触れるものと思いますので、個人的な見解ですがとりくみの教訓をまとめてみました。

1　学びながら疑問を解決して取り組みが進められたこと。

　この間、団体や個人を主催者に、軍事専門家、元自衛隊員、平和活動家、ジャーナリスト、国会議員、研究者など多方面にわたるを講師で、大小無数の学習会が県内外で開催されました。

2　「イージスを考える勝平の会」作成のイージス配

備地から同心円を秋田市地図に描いたチラシが、配備候補地の「住宅地」に近接していることを視覚的に示し「住宅地に基地はいらない」の共感を広めたこと

3　多数のチラシや学習資料、ステッカー、Tシャツ、缶バッジなどが作成され、イージス反対の宣伝とともに、そうした取り組みの中で運動資金づくりが行われたこと

4　弁護士会、自由法曹団をはじめ労働組合、市民団体、サークルなどが反対決議をあげて内外に態度表明したこと

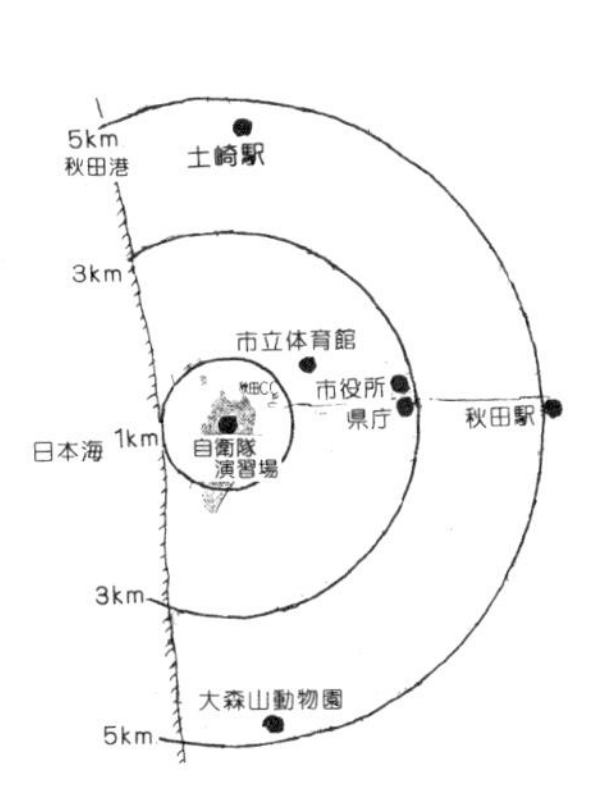

配備予定中心地と
秋田市内略図

5　県内著名10氏の配備反対アピールへの賛同が宗教者をはじめ団体に属していない人々の意思表示の場になったこと

6　地元、県庁前、秋田駅前で粘り強くスタンディングをし、宣伝カーで反対を訴え続けたこと

7　地元町内会の反対表明が、秋田市内町内会へ広がったこと

8　県内の反対団体・個人の共同で国会請願署名、秋田県議会・市議会請願署名がとりくまれたこと

9　県内全市町村に配備反対の自治体決議を求める陳情・請願を行って最終的には全自治体の陳情採択になったこと

10　秋田県議会議員、秋田市議会議員要請行動をおこない、反対の意向を明確にするよう繰り返し要請したこと

11　秋田県や秋田市に申し入れや要望を行い続けたこと

12　マスコミ報道、特に秋田魁新報の調査報道は、県

民世論に大きな影響を与えたこと

13　魁新聞社長の発信した「兵器で未来は守れるか」の一文は、政治主導で進む配備の動きに一石を投じ、県民にこの問題を立ち止まって考えさせる一助になったこと

14　日本平和大会、原水爆禁止世界大会をはじめ労働組合、市民団体の全国大会や集会でイージス反対を訴え全国的な問題とする努力をしたこと

15　山口の反対運動と連帯し、山口県民集会への参加、共同での防衛省申し入れをおこなったこと

16　沖縄の辺野古基地建設反対闘争と連帯し運動を進めたこと

17　海外代表の参加する集会等の発言でイージス配備が東アジアの平和と安全を脅かすという共通理解が広まったこと

などなど、数え上げると本当に多彩なとりくみがそれぞれの立場で行われ、それらが一本の太い秋田県民の「イージスはいらない」という流れとなって政府を追い詰めた結果の配備撤回ではなかったのでしょうか。河野防衛大臣の秋田県と秋田市への謝罪の席に地元町内会代表が「県民の会」の申し入れで参加が実現したことも画期的でした。

しかし、配備撤回を喜んでいられないのは、専守防衛を大きく逸脱する憲法とは相いれない「敵地攻撃能力」をイージス・アショア配備の代替として具体化しようとしていることです。沖縄の新基地建設反対とともに日本全土をアメリカの出撃基地化する企みに反対する取り組みを継続していかなければと思っています。

12、イージス・アショア配備撤回と生きる力

（大館市）浅野　洋子

日本は、戦後75年間戦争はなかったものの「戦争立

法」の成立で、「日米軍事同盟」が深められ、アメリカと組んだ支配勢力の力がますます高まっているように思います。この厳しい情勢下で、政府は2018年6月にイージス・アショア配備計画を、秋田県と山口県に設置することを発表しました。

私は、大館市で行われた学習会でこの説明を受けたのは翌年の5月でした。イージス・アショア配備は、「朝鮮からの攻撃に対処するために、迎撃ミサイル基地をつくる」との事を知り、これは戦争に引きずり込もうとする動きであると認識しました。最も恐れていた歴史の逆流であり、憲法に背いて人権を無視された思いでした。

現在の社会は、資本の発達によって政治権力が強まりつつあるように思います。一部の権力者が儲かるために平常な生活をしている庶民の価値観を脅かすような政府の姿勢に憤りを感じないではいられません。

既に、切迫した危機感に落とし入れられた地元新屋勝平地区の皆さんは、真っ向から配備計画反対の声を上げ、「日本のどこにもイージス・アショアはいらない」の叫びを津々浦々に広めていきました。

署名にも総がかりの取り組みを行い、大館市民からも大勢の方々から協力を得、運動の土台をつくりました。署名は「一人一人の意見」を目に見えるようにする最も基本的な反対運動の基盤だと思います。署名の力で反対の輪を広げ、その力を促進させてきたと信じています。

時の動きに応じて、イージス・アショア反対運動のビデオが私の手に入ったことは幸いです。それは北秋田市鷹巣地区の集会による学習会で、イージス・アショアを考える勝平の会の共同代表を務める講師、佐々木勇進さん（私とは剣舞の仲間）の説明でした。

私が印象に残ったのは、憲法を無視した政府の理不尽な行動に大変な不安を募ったことです。重要なことは、この怒りを多くの皆さんと共有し、日米支配層の邪悪な意図を根本的に見れる正しい判断力を身に着けることでした。どうしてもこの危機を打ち破らなければならない、その意気込みは平和を願う民衆の力であることを目のあたりに感じることができました。説明を受ける皆さんの眼差しは、恐ろしさに身を固くし、反撃の興奮を押えきれない様子でした。命を守る真実の闘いであることをしっかりと自覚したにちがいありません。

私は、幼い頃の戦争の思い出と重なり、心が動揺し身震いしたほどです。戦争は、生活を根こそぎ壊してしまう生の暴力であり、恐怖と欠乏に追い込まれます。イージス・アショアは、軍事勢力による社会の構造的暴力であると思います。人間の尊厳を大切にするたたかいは絶対必要だと思いました。

このビデオ講座で学んだことは、日本国民全体にかかわる共通の理解を深める内容の濃い学習であったと思います。

人を動かす熱望には、底知れぬ温もりを感じられるものもありました。私は自分のことのように実感し、これは日常の生活中にある命の問題であると切に考えさせられた次第です。生きる力は、仲間の連帯、手をつなぐことで生まれてくるのだ、それは一人ひとりの尊厳を大切にする「情熱の貫き」であったと思います。その努力こそ、正義を獲得するための力であったに違いありません。

粘り強く闘った2年間、命に支えであると同時に政府の責任を追及する主権者としての当然の闘いでもあったと思います。波瀾にもめげず、撤回まで漕ぎ着けた生の声は、人の心に伝わる情感あふれる希望の叫びであったことでしょう。新たな自由への渇望の願いを抱きつつ、この感激はいつまでも忘れることができないでしょう。

13、一筆の署名は「定之丞」の一本のクロマツ

（新屋勝平地区）大　森　サツ子

ぼんやり夕方のテレビを見ていたら、佐竹知事が松の枝を背に佇んで、「まず、この辺ならば、何もないし……」と仰っていた。一瞬、何のことだろうと思ったが、続くアナウンスに絶句。ミサイル基地となる〝Aegis・Ashore〟の候補地として、ここの砂山が上がっていようとはー。

勝平小学校から帰ってきた孫に「たいへんだー、ここが基地になるんだってー」と。二人で二階にかけのぼって、窓を開けば～爆弾が見える～と唄う。「ヒャ～ッ、コワッ」「教え子を戦場に送るな」と40年も声高に叫んできたが、あろうことか「戦場」が裏庭までやって来ようとは。

翌日「テレビ見た?」とたんぽぽ（地元有志で作った居場所のこと）にふみこむと、そこは既にド突かれたハチの巣状態。「どこさ逃げる?」「電磁波強烈だべ＝ガンになるヤ」「北朝鮮、逆襲に出るべ。土崎の石油タンクみでになるなでネーが」「腰痛くて逃げられネ。誰か連れて行ってけネーが」と、まるでミサイル着弾?松林は燃え上がり、砂山が爆風でえぐられてー。無理もない。たんぽぽは中央児童相談所、商業高校、勝平小学校、勝平中学校などとともに候補地の直下、絶望的な位置にある。

80代の方は、北側の窓ガラスが赤くなった土崎空襲の75年前の夏を想い出すと言う。「あれと同じだべセ」と。その上に始動と共に降り注ぐ電磁波の不気味さと「核」攻撃後の「パルス」をイメージする方もいて、たんぽぽはもう「疎開」の話になってきた。

「とにかく集まって相談しよう」と、あたふたとコミセンへ。元市議さんやメディアの方々、組合の役員さん、女性団体のリーダーたちが次々にやって来た。私も「たんぽぽ心配係」として、やれムシロ旗だの、座り込みだのと、かまびすくして「基地反対!」のな

かまに。

間もなく署名用紙が出来てきたので、ミサイル基地反対に反対する人はいないだろうといつも軽く書いてくれる方を訪ねたら「あれな~?」「この辺りには仕事がないから、砂堀でも道路工事でも若い者使ってくれればえ~ねが」「エッ、基地で働く?アメリカ製の兵器だから、防衛省の職員や自衛隊員が英語でレーダーやミサイルを動かすんでネーのかな」とかみ合わないような受け答えをして、「地元の人を雇うかどうか聞いて又来るよ」と約束して退く。それにしても、砲弾を砲弾で撃ち砕くようなこの計画、幻覚みたいだなー。無駄、ムダ、道々独り言。

夕方からは駅前に出て「勝平の住民です。家の裏がイージスの基地にされそうです。」外国の方も通るので〝SOS!Please sign your name, here〟と調子に乗ってペンを差し出すと、〝NO!〟と女性が近づいてきて「沖縄にばかり迷惑かけるべ。今回は秋田で引き受けねばならないとアンタも思わねが」と逆に同意を求められた。「セバよ、秋田でこれを引き受ければ沖縄の兵器はホントに減るんだが?」と逆問すると「それは分からねどもよ」と。「ワリーでも、あなたにお願い。普天間の戦闘機とこのイージスとの関連を調べて結果を私の携帯電話に!」と頼むと快諾。「先ず新屋演習場の現地を見に行く」と去る。程なく携帯が鳴る。「今ゴルフ場の側に停めた。これなばなんだモンダ。近すぎて焼けてしまう。他県の人たちから笑われる。秋田の人だ、距離感ないって。来週必ず署名する!」と電話が壊れそう。熱い、フーッ。とてもウレシイ。

隣の坂下の家を訪ねたら「昔は風が吹けば砂飛んで向こうが見えなくなってあったど」と主が言う。地元の人ならだれでも知っている栗田定之丞。私は由利の山奥から出てきたので子や孫よりもこの方の偉業に疎い。そこで図書館へ。「往古の勝平山は樹木が繫茂」していたが、「830年(平安時代)の大地震で砂中に埋没。砂塵の荒れ狂う砂漠と化した」とある。その後の千年―？　1800年頃、江戸時代、日本海沿岸の人々は「ワラを束ねて砂に刺し、柳、グミ、ネムを活着させ、最後に松苗を植えてこれを培ってきた。200年もの間、そのクロマツは300万株にも及ぶと研究者が記している。この松林によって久保田城下まで吹き込んだ砂はどうにか抑えられたと。定之丞は「植え付けの苦労を考えて年々慎みをもって修繕を怠らないように」と警告している。「ミサイル……」と聞いて彼はどんな顔をなさるだろうか。

2020年夏、コロナ真最中に「イージスアショア」は撤退した。さきがけ新聞を囲んで、「な、初めから言ったべ。ここは近すぎる。」「その通り」「全くイイメイワクダデー」「エガッタ、エガッタ。私の人生、こんたエガッタことえー」とたんぽぽも湧いた。

その夜、東京の孫も〈「せんせいが、イージス秋田から撤退、よかったね」だってサ〉とボソッと伝えてきた。私も秋田の孫と……フフフニヤリとした。

（参考資料　秋田の海岸砂防林―宮崎一彦）

14、イージス・アショア新屋演習場に来る!!

（新屋勝平地区）近　江　幸　義

演習場が基地？……、ミサイル基地？……、なんで？……、何が何だか、理解不能でした。これが正直な思いです。

演習場というより町内の散歩コース、憩いの場、タラの芽を採るところだった!!　五〇年前、秋田市に引っ越しして来た頃、豊町の道路で戦車や自衛隊員が銃を持って移動している光景等いろいろと思い出しました。

反対運動をやるとしても、どこまでやれるのか、「オキナワ」の様になるかも？国が決めたことを撤回できるのかと不安がよぎりました。

「勝平の会」の（以後会という）立ち上げでは、口には出さなかったものの見通しがあるようには思いませんでした。「会」では出来ることから始めることとし、1、自分で知ること。2、皆さんに知らせる事。3、皆さんに広げ組織化を目標としさらに、4、町内会が反対の声を上げれば、市長・市議会を動かすこともできる、この事をやれば撤回出来ると希望がわきました。そんな折、息子夫婦が帰省し「イージス」の事を話したところ「恐ろしくて、これからは安心して子供、妻を連れて帰れないな~」と言われました。非常にショックでした。秋田の多くの子供は都会で働いています。子供や孫が帰ってくることを、楽しみにしているのは私だけではなく多くの人々がそうだと思います。

今まで人前で、マイクを握ったことはありませんでしたが、とにかくこの自分の思いを伝え、広げようと覚悟を決めました。私が「会」を代表して、防衛省での交渉の時も「あなたのふるさとに、基地ができたら喜んで妻や子供を帰省させますか?」「この資料で(防衛省の説明資料)納得させることができますか?」「日本を守ると言って勝平地区1万3千人犠牲にしないでください」と訴えました。

「会」として「県民の会」に入会し、最初の会議で秋田市長への交渉は、議員の紹介がなければ難しいとの発言があり、住民の声を直接聞いてもらいたくて「会」単独で交渉しました。その日からマスコミの取材が始まり、「会」として県内外の取材が多くなり、様々な団体からの要請を受け、「会」としてすべて現地案内をさせていただきました。

防衛省に申し入れする近江氏
(前列中央)

そうした中で、私たちも色々な発見をすることが出来ました。驚いたことにドイツ国営放送から取材に3名が訪れました。話によれば横浜のクルーズ船のコロナ対策の取材と合わせてきたそうです。私たちの運動の広がりが感じられ、これは世界的な平和問題なんだと受け取りました。

勝平から世界の戦争・戦略を大きく変えることが出来るかも！平和運動・住民運動の広がりの手ごたえを感じました。

署名も「会」として2千筆の目標をたてました。町内会としての署名は難しいようだと聞き、私たちは自分の町内、身近な人からと始めました。ある会員の夫婦は自分の町内から初め、友人知人や関わりのあるすべての人へと次々訪問し、カンパもビックリするほど集めました。

又、ある会員は目標を決め、自分の集合住宅を回りコツコツと集め頭の下がる思いでした。又、経験のある会員はサークル・団体のつながりで県外からも集めてきました、地区に3か所ある保育園などにもお願いし、保護者からも集めていただき非常に感動しありがたかったです。

私は反対だけど保育園では踏み切れない方もおり、単純にはいかないものだと思いました。「会」としては2，700筆以上集めました。

参議院選挙で「会」として、イージスアショア問題を訴える事にしました。

イージス反対を訴える候補者は政党の支持を受けない形での、選挙運動のために街頭演説の場所を聞いても判らず、偶然スーパー前での情報がはいり私たちは「イージス来るな」などのプラカードをもって参加した、そのプラカードを持って応援している姿が何度も

2018・3・6

「国会請願 統一署名」にご協力を
【請願事項】
「イージス・アショアの配備を行わないで下さい」

「イージス・アショア」配備計画の中止を求める秋田県連絡会 発足　署名活動始まる
内閣総理大臣、衆議院議長、参議院議長あて

政府は昨年12月、地上配備型ミサイル防衛システム「イージス・アショア」2基の導入を決めました。配備先として山口県と秋田市新屋勝平の自衛隊演習場を検討していると報道されていますが、政府は18年度予算が成立した現在も、未だ配備先未定として説明を拒んでいます。

配備候補地に隣接する勝平地区は、近いところで住宅地に300メートル余り、幼稚園から小・中・高校、さらにスポーツ施設や福祉施設などもある住宅密集地域ですり、住民の不安や疑念が大きくなっています。

こうした中で一基一千億円と見積もられているイージス・アショアの配備計画はとうてい容認する事はできません。

このたび、配備の動きに対応するため、「イージス・アショア」配備計画の中止を求める秋田県連絡会が発足し、呼びかけ団体として統一した署名を行うことになりました。

「イージス・アショアを考える勝平の会」も、この連絡会に参加し署名活動を行っています。どうぞ署名にご協力をお願いいたします。

みなさんの署名で、「イージス・アショアの配備を行わないで下さい」の声を、政府、国会へ届けようではありませんか。

ルーマニアに配備されたイージス・アショア
18年3月4日放送、テレビ朝日「サンデーステーション」から。
24mの高さの建屋、強力な電磁波を24時間365日発射し監視。この建物から300m先に3棟のミサイル建屋があり、それぞれ8基のミサイルを装備、合計24発のミサイルを同時に発射できる。要員は400人。
交代で昼夜の別無く働き、発電所、病院、食堂など、自給自足できる体制の巨大なミサイル基地。周辺は広大な原野で民家はなく、一番近い町でも9km程先だという。

配備先と報道された自衛隊新屋演習場。17年11月17日魁紙から

【取り扱い団体】イージス・アショアを考える勝平の会
【共同代表】近江 018-865-2577　藤原 018-863-3563　高坂 018-863-0735　佐々木 018-862-0444
★活動募金のご協力を呼びかけています。

署名を呼び掛ける会のビラ

テレビで全国放映され、選挙の一大争点にもなったと思います。

この時に候補者カーの関係者から、プラカードはやめてほしいと言われたのですが、結果的には勝利に貢献出来たと思いました。2回目の署名は、県内だけに訴えるとの方針でした。前回よりさらに運動を広げることとし、勝平地区とその周辺を回りどんどん広まっていきました。

金属団地・福祉関係100ヶ所を超えるを訪問しました、それぞれの所ではたくさんの方が協力してくれました。町内の保育園では、前回署名出来なかった所からも協力頂き、市内の保育園20数か所にお願いすることができました。みなさん関心があり、自分のこととして考えていることを肌で感じ、大変うれしかったです。「会」としては3，000筆を集めることができました。

「会」は毎週金曜日の朝、私の車を「宣伝カー」仕立てて北都銀行前で、月曜日の昼休みは「県民の会」と一緒に県庁前で行動し、やりきることが出来ました。みなさんに感謝の気持ちでいっぱいです。力を合わせるという思いは、つながり広がるものだと実感しました。皆さんありがとうございました。お疲れ様でした。

15、秋田の今と未来を守ったイージス断念

（秋田市牛島）須　合　邦　夫

イージス・アショアを阻止するには「オール秋田」の民意が必要だと考え、秋田県に関りのあるすべての人と対話のできる立場、一個人・一県民としての運動を考えました。幸い賛同者がいて「イージス・アショア不安ネット・秋田」というネットワークを作り運動しました。議会の傍聴、チラシの発行（2種類10回、計約12000枚）と配布などを行いました。チラシは、隔週水曜日、駅前または地域に配布したほか、知事、市長、県・市議会議員、市民団体などに届けまし

た。また、市議会アンケート、学習会（生田目昌明氏「核被害予測」）なども行いました。

イージス断念の理由は、一つは政府の自滅だと思います。核戦争に勝者は無いという認識が核保有国にも共有される中で、アメリカは同盟国のための核の行使に慎重になっていたと思います。特に、米中対立激化の中で、核戦争は避けたいという空気が強まっていたと思います。つまり、「核の傘」防衛論は事実上破綻していたという事です。その認識なしに米兵器の爆買いをした安倍前首相は、日本の兵器産業やその代弁者から批判され、断念せざるを得なくなり、辞任にも追い込まれたと考えます。

もう一つの要因は、秋田県民の奮闘だと思います。地元町内会の生活を守る真摯な運動に幅広い県民が共鳴し、行動する中で主権者としての意識が高まり、電波障害についての不安から核ミサイル、アメリカのミサイル戦略に巻き込まれることへの不安と、認識が質的に高まっていったと思います。その結果、参院選に勝利し、「オール秋田」の民意が次第に形成されていったと思います。

県民の運動には二つの特徴があったと思います。一つは、県民が主権者として主体的に行動したという点です。さまざまな団体、個人が自らの意思で署名行動を行い、最終盤には短期間で４万余の署名を集めました。

もう一つは、憲法上の制度的保障と言われる地方公共団体の機能を発揮させる運動になったという点です。ほぼ全市町村議会が反対請願を採択したこと、その中で、知事、秋田市長も地方公共団体の首長としての責任を明言するようになり、最後には知事が、オール秋田の民意を代表し「地元の安全を確保できない防衛政策は理解できない」と表明、断念を決定づけました。政府を相手に、秋田県民は完全勝利したと言えます。以下、箇条書き的に述べます。

①　オール秋田になり得た原点は、地元町内会の結束した姿と魁新報社の報道姿勢だと考えます。何の力もない市民が結束して必死に闘っている姿は、それだけで、県民、国民の共感を呼びました。そしてそれを報道し続けた魁新報社の影響は大きかったと思います。
②　憲法をくらしに生かす立場から、日常的に地方公共団体を住民の砦にする視点を持つ必要があると思います。
③　佐竹知事が河野防衛大臣に確認した「住民の安全を守れない兵器は日本のどこにも置けない」という問題。自衛隊法上、国民は「守る」対象にはなっておらず、むしろ戦争の道具として監視、抑圧の対象になっています。「国を守る」と言った場合の「国」は、安保体制下では「領土、政権、米国」です。そのことを考えれば、防衛政策の本質に修正を迫る確認であり、国民の中に広げていく必要があると考えます。
④　「地元の理解が大前提」という言葉は、政府を縛る力になりました。寺田学衆院議員が政府に表明させたものだそうです。記憶しておく必要があると思います。

以　上

16、ミサイル基地予定地に一番近い町内会会長として

（勝平台町内会会長）五十嵐　正　弘

2017年、11月突如降って湧いた様に、「防衛省、イージス・アショア、山口、秋田配備政府調整」と報道されました。

私は、咄嗟に我町内会が、一番近い所にありますし、町内会長として黙っている訳にはいかないと思い、元共産党、市議会議員の佐々木勇進さんに電話し、町内会だけでなく地域全体のものにしなくてはならないと考えました。

その後、反戦・平和の運動を進めている、県平和センターへ連絡し、地元のコミュニティセンターでイージス・アショアを考える打ち合わせ会議を開催しまし

た。

　私は各町内会長の上部組織、新屋勝平地区振興会の副会長もしておりましたので、振興会の理事会に計り11月24日、「イージス・アショア」は、一町内の問題ではない。配備計画が決まったら県・市に説明を求める事を確認する、と言う事で話がつきました。

　その後、防衛省は着々と計画を進め、イージス・アショア2基導入と陸上自衛隊による運用を閣議決定し、政府も2018年度予算案を閣議決定、イージス・アショアについて配備先を示さないまま調査費など7億2900万円を盛り込む等しました。当時の小野寺五典防衛相は、米ハワイのイージス・アショア実験施設を視察して、「巡航ミサイルや、様々なミサイル防衛に総合的に役立つ基礎的なインフラに今後発展させたい」と発言した。

　地域では、2018年1月、秋田九条の会主催の集会や「イージス・アショアを考える会」の講習会が勝平コミセンで開催され、講師には井筒高雄氏で参加者は約80名でした。又、新屋住民の皆さんにも知ってもらおうと、西部サービス・センターでも開催し、参加者は120名程でした。

　国会では、2月に寺田学氏が、予算委員会で質問し、小野寺防衛相は「首長の理解と協力は必須、それが得られるように努力する」と答弁しました。

　知事は定例会見で「配備地は別にして、構想は決して否定するものではない。住民に不安があるのは当たり前、これをどう解消するのかと、政府の導入方針に理解を示しました。その後、東北防衛局から「イージス・アショアの説明をしたいので日程調整をしたい」旨の連絡があったことを説明しました。

　そして小野寺防衛相は、「秋田・山口が配備候補地となると考えられる」と記者会見し、初めて県名を挙げました。

　ここから具体的な運動が展開されていきます。勝平地区振興会は、会長・三役一同の連名で秋田市長に、「イージス・アショア配備問題にかかわる要望書」を提出し、新屋住民の会で「電磁波について学ぼう」勉強会を開催、講師は、電磁波環境研究所の荻野晃也氏でした。講師は、電磁波は放射線の仲間だから、被爆国である日本が「真面目に取り組んでいる」と思われるかも知れませんが、全く逆で、世界で電磁波問題を一番軽視しているのがこの日本だろう。」と言っていました。

まずは、イージス・アショアとはどういうものかと言う学習会から始め、弾道ミサイルとは?電磁波について、世界地図、特に地球儀で見ると秋田はハワイ、山口はグアムの上空になる事が解ります。その他何でも吸収しようといろいろ出かけました。

振興会的には、2018年7月25日、臨時理事会を開催し、最終的に「住宅密集地に軍事基地はいらない」と言う事で拍手で一致、その後の記者会見で会長の声で反対となり、新屋勝平地区振興会は、イージス・アショア配備に反対という報道が内外に流れました。振興会は陳情、請願という形も取りました。

又、要望書も市長、市議会、県議会議長、県議会等へ提出しました。そして私共の運動に、賛同してもらうために、新屋地区、浜田、下浜、豊岩、勝平地区で構成している西部地区振興会へお願いしたり、近隣町内会長へアタック、茨島、川尻、山王の各町内会会長へ三役が分担して個別訪問や市内の町内会、自治会へ賛同依頼を郵送しました。

また他団体の要請で大曲、湯沢、本荘、教職員組合、男鹿、宗教団体へも実情を訴えてきました。また、若い世代に浸透していないことで勝平地区内の「子育て世代の人との意見交換会」を開催しました。少しでもイージスの事を理解してもらえればと思っての開催でした。

地元新聞で防衛省の示したデータの仰角の誤りや、防衛職員の居眠り問題等で全国的にクローズアップされていきました。

平和センター主催の市民や県民への署名行動や7月

の参議院選挙にイージス反対の統一候補が勝利する等、私達の身近な運動はもちろん、地域や市民、県民の皆さんとの運動の力で、２０２０年６月15日、河野防衛大臣が、イージス・アショア配備計画の中止を発表し私達のたたかいは「計画撤回」を成し遂げるという形で、一つのピリオドを打つ事ができました。

最後にこれまでの皆さん一人ひとりの行動、マスメディアの皆さん、平和フォーラムや市民、県民、全国の皆さんのご支援、ご協力に感謝とお礼を申し上げたいと思います。

17、たたかいはまず知ることから始まった

（秋田市平和委員会事務局長）平　野　信　治

陸上配備型迎撃ミサイルシステム「イージス・アショア」配備は、弾道ミサイル発射を繰り返す北朝鮮に対応するためとして、当時の米太平洋軍ハリス司令官が２０１７年７月に「（太平洋司令部とその下の陸海空・海兵隊の４郡を置く）ハワイを防衛するために新型レーダーの配備、ミサイル防衛システムが必要」（朝日新聞インタビュー）とイージス・アショアの配備計画に触れた発言をしている。

８月17日には日米外務・防衛担当閣僚会合（２プラス２）があることになっており、防衛省は会合前にイージス・アショア購入の方針を決定して、２プラス２を迎えた。

そして、防衛省は、２０１８年度の概算要求に当初は調査費を計上する方針だったが、前倒しで「設計費」を盛り込むことを、にわかに配備の具体化が表面化した。それを受けた形で、朝日新聞などの全国一般新聞やしんぶん赤旗・自衛隊の準機関誌と位置付けされる「朝雲」の紙面を賑わし始めることになる。

私達秋田市平和委員会は、アメリカ本国の〝盾〟となりかねないこのミサイル防衛の動向に注目して、新聞切り抜きなどの資料を集めだした。その途端に、２０１７年９月には、「陸上イージス、男鹿・佐渡な

どを政府検討」の見出しが躍りだした。「なんてこった！」「何が始まったのか！」と秋田市平和委員会・秋田県平和委員会はにわか勉強に走り出さなければならなくなり、追い詰められた感じに覆われた。そのような中、配備が決定的となったトランプ大統領と安倍晋三首相の11月6日に行われた日米首脳会議が行われ、トランプ大統領はこの手土産に大笑いしながら帰国した。

秋田市平和委員会は即座に、イージス・アショアに関する機関紙の「号外」を11月25日に発行し、その危険性を知らせた。これを受けて、12月19日に日本政府は、秋田・山口候補地とする閣議決定をしてしまう。

以上がイージス・アショアへ配備の経過である。思い出していただけただろうか。

ここからが大変だったのである。にわか勉強では間に合わなくなってしまったのである。インターネットのHPや新聞切り抜きなどの資料集めに追われる日が日常となってしまった。

閣議決定か？の報道を受けた12月6日には、候補地の地元となった勝平地区でのイージス・アショアに関する初めての学習会が開催され、そこに私が講師として招かれてしまったのである。久しぶりに使うパソコンシステムの「パワーポイント」の講演資料作りとの格闘が始まる。

講演当日は会場満杯で長時間になったにもかかわらず、真剣に聞いていていただき、それからの講演活動への自信となった事を思い浮かべる。

秋田県内に限らず県外にも講演に呼ばれ、いま思い出せば2年の間に大小30を超える講演活動になっていた。「ミサイル防衛やイージス・アショア配備の裏にあるものは何か？探り、本音の部分を皆さんに知っていただくこと」

ここを大事に独学習し、皆さんにお知らせするとの経験は「『知の力』をたたかいに生かす」との私の一生の宝となった。そして、みなさんと一緒になっての「勝利」であった。

18、大失態‼防衛省の地元説明会

（新屋勝平地区）高　坂　昭　一

地上イージス配備予定地とされた勝平地区。ここに住んで50年になります。移り住んだ当時と比べ、現在は比較にならないほど街は整備がすすみ、住みよい地域となりました。秋田のこの地と山口県にミサイル基地を配備するという計画が持ち上がったのですから、心穏やかならず。反対運動に踏み出すことになりました。先のことは皆目見当がつかない中、地域に住む親しい方々と相談、イージス・アショアを考える「勝平の会」をつくったのは２０１８年1月15日のことでした。

配備撤回を求めるたたかいは、私たちのほか、地元勝平地区振興会をはじめ、様々な団体や個人がそれぞれの立場で活動し繋がり合い、広がって行きました。最終的には全県の自治体がすべて反対の決議をあげ、秋田県知事や秋田市長、配備をすすめた政府与党の国会議員も秋田配備は無理というまでになり、２０２０年6月、防衛省が配備計画を断念する結果となりました。歴史的な勝利の結末でした。

私は、ここに至る転機となった２０１９年の一連の出来事を記したいと思います。

6月5日。防衛省が県議会、市議会に対し適地調査の報告書説明を行う日でした。この日の朝、秋田さきがけは「適地調査・データずさん」と一面大見出しでスクープ記事を報道、この日を意識したかどうかは知る由もありませんが、絶好のタイミング。防衛省を驚愕させました。説明会は予定通り行われましたが、A4版の正誤表1枚を出して防衛省は誤りを詫び、説明と質疑が行われました。市議会も県議会と同じような形で終わりました。私は両方の説明会に傍聴で参加しました。各会派の議員は、「報告書の誤り」を含め様々な角度から質議を行い、問題点も多く指摘されました。

しかし防衛省は最後まで適地は新屋以外にないとの態度を変えませんでした。明くる日6日の朝、秋田さきがけ朝刊に防衛省のチラシがおりこまれました。「8日午後3時から、地元の勝平コミセンで、住民説明会を行う」との内容でした。それを見ながら、私は県・市議会を傍聴した時の感想を含め、これまで感じてきたことを発言しようと思いました。あれこれ考えたすえ、一計を案じ、メモをつくりました。

次の日、早速共に活動している「勝平の会」の共同代表3人にメモを示し了解をもらい、私が発言することになりました。

8日、いよいよその日がやってきました。午後3時少し前、勝平コミセンには120人ほどの参加者が。会場の後方には報道陣のカメラが林立し、張り詰めた空気。定刻の3時過ぎ、司会者が開会を告げ、説明会がスタート。

会場正面には防衛省の幹部を中心に職員が10数人、2列並んで私たちと対峙、中には制服を身につけた海上自衛官、イージス艦に乗船勤務したという隊員も参加している。威圧感を感じる様相で防衛省職員の自己紹介が始まった。それぞれの所属や仕事内容を簡潔に述べ全員の紹介を終えた。

そのあと、司会者がおもむろに防衛省の説明責任者の五味課長を紹介する段取りになっていたその直前、この瞬間を見計らっていた私は、緊張しながらサインペンを持った手で立ち上がり、大きな声で「議事進行について意見があります」と発言した。会場は一瞬何が起こったのかと、緊張がみなぎった。司会者は一瞬戸惑いながらあちこち見回し、私にマイクを渡した。

計画通り発言のチャンス獲得。発言の機会をいただいたことにお礼をのべながら、私は前日から用意していたメモを取り出し、間違えないようにと緊張しながら、議事の進め方について、要旨次の様な提案をした。

5日、秋田さきがけが県議会や市議会への説明会が開かれる直前、調査報告書に重大なデータの誤りがあ

緊張が走る防衛省説明会場

るとスクープ報道をした。防衛省もこれを認めている。こうした状況では、説明会を開く前提条件が失われていると考える。誤りがあったものを、原因もはっきりさせず、そのまま正誤表一枚で説明するやり方は、防衛省がことあるごとに繰り返しきた、丁寧な説明に反するのではないか。今日の説明会は責任者も出席しているのだから、協議して誤ったデータについてお詫びし、説明は精査したあとに延期してはどうか。更にたたみ込んでこう付け加えた。昨日7日の国会では、今回の件について、あなたたちの上司である防衛大臣も、「もう一度精査して説明したい」と答弁しているではないか。また、秋田県知事や秋田市長も「説明資料全体の信頼性が失われ、ケアレスミス（不注意によるミス）では済まされない、先に説明に来た副大臣に嘘を言わせたことになり重大な問題だ（知事）」、「調査結果全体の信頼性が失われる重大な事案で、改めて精査し、再度説明する場を設けるよう申し入れた（市長）」（以上は記者会見などで話された内容）

　私の発言が終わると会場からは「その通り」「説明を強行するのか」など、防衛省への反発から怒号も飛び交う状況となった。20分近く騒然とした状況が続いた。しかし、防衛省は提案に耳を貸さず、データの誤りは詫びたものの、ほかに誤りはないとして説明担当の五味課長が1時間、一方的に説明を強行。質疑に入ってやや緊張感が緩んだところで起きたのが、あの「居眠り事件」だった。一人の参加者が1時間の説明中ずっと手をあげ続け、マイクをもらうと堰を切ったように話し出し、最後に防衛省側後席の職員を指さし「あなた居眠りしていましたね、何を考えているんだ、我々は人生がかかっているんだぞ」と語気鋭く一喝した。

この居眠りの様子と追及の様子は、当日のテレビニュースをはじめ、ワイドショーなどで繰り返し報道され、地上イージス問題は一気に全国に広まることとなった。

主催者に私の提案は受け入れられませんでしたが、参加者の反応は私の気持ちと響き合っていたのではないかと感じました。思わぬハプニング、防衛省職員の「居眠り」と、「我々は人生がかかっているんだぞ」と厳しく追及した方が出たことで、防衛省の強行策は裏目に出たのではないかと思いました。

説明会が終わった夕方、秋田さきがけの記者から電話が…。以前イージスで取材を受けたことのある記者でした。用件を伺うと、きょうの説明会で発言したことについての質問でした。「あの場で、発言するにはかなり勇気のいることだったと思いますが、どうしてあのような発言をしたんですか」というものでした。私の答え。「8日、地元勝平での説明会の前、5日の秋田さきがけのスクープ記事・『防衛省の適地調査データずさん』を見たこと、その日の県議会と市議会での防衛省説明会に傍聴参加し、でたらめさに腹が立った。それであのような発言をしたんです」と。このインタビューは次の日9日朝刊で、勝平コミセンでの「地上イージス説明会」の記事として私のことも紹介されました。

同時に、特筆すべきことがもうひとつありました。7月の参議院選挙です。イージス配備問題が大きな争点に浮かび上がりました。現首相で当時官房長官だった菅首相も何度も足を運び、さらに安倍総理大臣も2回秋田に入るなど、激しいたたかいがくり広げられました。結果は野党統一候補の寺田静さんが自民現職を破って当選、イージス配備撤回の運動に大きな影響を与えたことです。

私はこの年の8月6日、原水爆禁止世界大会広島集会で、山口の代表と一緒に秋田の代表として、地上イージス配備撤回のたたかいを訴える機会をいただきました。５分という短い時間でしたが、１３００人もの参加者の前で先に述べた6月8日の地元新屋勝平コミセンでの出来事と、地上イージスを争点にした参院選で、野党統一候補が勝利した報告をしました。会場からの特別大きな拍手は、昨日の出来事のように鮮明に記憶に残っています。

一つひとつの小さなたたかいが結びつき、地上イージス新屋演習場への配備は見事に撤回となりました。しかし、その後の政府・防衛省の動きを見ると、何事もなかったかの様に、イージス艦２隻新造を地上イージスの代替とし、さらに先制攻撃の出来る攻撃型ミサイル防衛を目指す装備を昨年12月閣議決定しました。地上イージス配備撤回では勝利したものの、たたかいは新たなステージに移りました。政権を問う新たなたたかいが求められていると思っています。

19、勝平山の思い出

（新屋勝平地区）佐々木　京　子

私が小学生の頃は遠足で、勝平山へ出かけたものでした。緑いっぱいの山へ向かって一生懸命歩き、のぼり、弁当を食べたことを覚えている。松ぼっくりやどんぐりを拾って遊んだこともあった。

２０１７年11月12日、イージス・アショアを秋田と山口へ配備との報道があった。「えっ」それはどういうものなのか、なぜ新屋の演習場なのか、驚きと戸惑いと不安でいっぱいになった。

とにかく何かをしなくてはと、ベニヤ板に「ミサイル基地反対、戦争に巻き込まれるのはごめんです」と夫が書き、勝平地区の交差点に立った。

何回か行動するうちに、行動を共にする人が増えていき心強く、気持ちも明るくなっていった。

毎週金曜日の朝８時から30分、雨の日も、風の日も、吹雪の日も欠かさず続けた。のぼり旗を作り、会員の1人が自分の車を宣伝カーに仕立て、放送設備に詳しい1人が配線をし、北川てつ氏の「この街を」のテーマソングを流します。

その後に、歩行者、通勤の車、幼稚園のバス、路線バス、仕事で移動の車に語り掛けます。始めのころは何も反応はなかったが、回を重ねるうち、時々こちらを見たり、信号待ちで少し窓を開けて聞いているような感じの人が出てきた。顔見知りの人はニコニコ笑って手を振るなど、歩行者が話しかけてくることもあった。私たちは今までの平和で住みよい街が、イージスが来るとどうなるか。特に子供たちに影響が大きいとされる電磁波の事、国会でどのような質疑があったか、防衛省の一方的な説明会の事、勝平地区振興会が反対決議をした事など、主に4人の共同代表が交代しながらマイクで訴えた。

イージス配備の発表があった時、最初に浮かんだのは「あの松の木を切らせてはならない」という思いでした。小学校で習った海岸砂防林に貢献した、秋田藩士の「栗田定之丞」の事である。江戸時代の終わり頃、町を風や砂の害から守るため自らも砂まみれになり、住民と一緒におよそ20年もかけて松の木を根付かせるため苦労したということだ。

おかげで町は形づくられていき、今も秋田市そして秋田県内の海岸沿いにも松の木が植えられ、住民の生活を守ってくれている。新屋勝平地区は海岸沿いにあり小高くなっていて、勝平保育園の近くの丘からは秋田市内そして太平山の姿がよく見える。

「定之丞」から百年余も過ぎたあとの人々へのメッセージがある。

『百年の後は、自然に薪がたくさん取れるようになり、外に売ったり、塩窯をたく需要に充てられるであろう。そういう時代になれば、当時の苦労も知らないから、みだりに刈り取り、破壊させることも考えずに、金になる方に傾いて売ることばかり多くなるであろう。そうなれば防砂林も破壊され、村がたちいかなくなる。

それ故、苦労をよくよく考えて、年々つつしみ守って修繕を怠らないようにしなければならない。村祭りなどで村中の者が集まることもあるはずだから、そういう機会を利用して、百年後へも怠りなく申し伝えなければならない』。

私の家は建設予定地から350mほどのところにある。フクロウの鳴き声や、桜の頃はウグイスの鳴き声が聞こえる。キジが親子で道をあるいている。カモシカも住んでいる。自然が豊かで、子供たちものびのびと外で遊び、学んでいる声が聞こえる。この勝平地区から県庁、市役所へは15分ほどで行ける。病院も近くにある。この地区には秋田商業高校・勝平小学校・勝平中学校・そして幼稚園・保育園もあり住みよい、子供を育てやすい地区として若い人たちも家族とともに移り住み、人口が増えつつあるところだ。

ところがイージス・アショアの報道があってから我が家の隣や近くのアパートから、子供のいる家族が引っ越していく事が多くなったのだ。女性の集まりの中で、若い人が「ここに家を建ててしまった、今更引っ越しも出来ない」と話すのを聞いて、思わず涙が出たということも聞いた。

私の家は演習場の近くなので、今までも時々自衛隊の訓練の時には機関銃の鋭い音、もっと重い音が聞こえる。子供たち・学生たちへの心理的な影響を心配している。近くの住宅地を歩いていた時に自衛隊員の降下訓練を目にしたとき、「ぞっ」とした。戦争の訓練だと改めて思った。電磁波の影響も心配だ。基地の中に自衛隊員が増員され、その家族も近くに住むことになる。私たちは常に監視されることになるだろう。ミサイル基地が出来たら、真っ先に攻撃されるだろう。この地域に住む人たちの不安が、いろいろ出てきた。

防衛省の住民向けの説明会があり、その都度参加してきました。第1回目の勝平コミニティセンターでの事です。防衛省の1時間にも及ぶ説明の後、質問や意見が次々と出されました。この勝平地区振興会の活動を長くやって来られた方の地域を思う発言がありました。その方の発言に続いて次々に発言が出されました。この地に基地を持ってくるのは反対と述べる若い方、長くこの地に住んでいる女性の方、何人も何人もの質問が続き、予定時間を1時間延ばしても質問は続きました。私はこの時の皆さんの姿や発言に大変感動しました。

賛同する発言には「そうだ!そうだ!」の声が起き、住民の連帯に気持が響きあって大きくなるのを感じました。

雄物川沿い

署名活動も行い、1軒1軒訪問し話をすると自分の会社に持っていき書いてもらうとか、サークルの仲間に書いてもらうというように、この様な活動は全県に全国に広がっていき、イージス・アショアの配備は撤回されたのです。

今、雄物川沿いを車で走りながら、輝く海、遠くに鳥海山や男鹿半島が見え、後方には秋田市のシンボルの太平山があり、心も平穏に戻り落ち着いて毎日を送ることができている。

20、イージス来なくてよかった

（新屋勝平地区）高　坂　裕　子

私はこの勝平が大好きです。新・旧雄物川と日本海に囲まれた夕日のきれいな街だからです。私たち夫婦はこの地に家を建て50年になります。その間、息子を育て私自身も育ててもらい、夫の母を見送った地でもあります。平和でのどかな、勝平地区に2017年11月、突然ミサイル基地イージス・アショア配備のニュースが飛び込んで来たのです。最初は、「それは何じゃ」と思いましたが、さきがけやほかのマスコミ報道、防衛省の議会や地域の説明会、各分野の先生方を招いての学習会をすすめていくうちに「これは大変なものだ」と知ることになったのです。びっくりしながらも、知れば知るほど、その危険な基地を許してはならないと強く思うようになりました。天下国家のことはさておき、コミセン祭りや神社の芸能発表など、地域行事に参加する多くの住民のみなさんの活気あふれる笑顔が心に浮かんだのです。私はこの地域行事の司会者として何度か声をかけていただき務めてきました。舞台で華やかに踊ったり唄ったりしている人、熱心に応援している会場のみなさんの表情、そんな姿を思い浮かべた時、こんなすてきな人たちが毎日暮らす勝平地区に地上イージスを決して配備させてはならないと思ったのです。

　私は、１９４１年満州で生まれ、防空壕に避難した最後の世代です。戦後引きあげてきてからの父母の苦労を思い出したからです。たたかいと言っても何をして良いやら、とまどいがありましたが、勝平地区振興会を始め様々な団体や個人、自治体などのイージス反対表明が増える中、わたしも一員として参加する「勝平の会」でスタンディングや署名などに積極的に参加しました。そしてその願いは、全県へ全国へ広がって行きました。イージス配備反対は、勝平という地元からの声です。そしてついに20年6月15日、河野防衛大臣が突然「秋田と山口への配備計画の停止」を発表、21日来秋し、知事や市長、新屋住民に謝罪したのです。2年半にわたる様々な宣伝、学習、スタンディング、署名、思いつくかぎりの反対運動が政府を動かしたのです。イージス来なくて良かった、思いは同じ、ほんとうにうれしい日となりました。

　でも、残念ながら安心は出来ません。陸上配備はやめたのですが、イージス艦を2隻、またまた多額の税金を使い戦争への準備をしているではないですか。私はこの勝平の地とそこで暮らす大切な方々と、新型コロナに負けないように、安心して暮らして行きたいと思っています。平和こそ私の大きな願いなのですから。

21、イージス・アショアに対峙して

（秋田県映画センター）吉田幸雄

2020年6月15日。河野防衛大臣は、秋田県新屋演習場及び山口県むつみ演習場を含む20か所の国有地について、イージス・アショア配備の断念を公表した。防衛省は国会や国民に対して、「イージス・アショア」は日本の防衛体制の中で、「24時間・365日、切れ目なく、長期にわたって」日本を守る柱になる……と説明してきたが、その建前が崩れ去った瞬間であった。

思い起こすと、2017年11月12日00：00に、沖縄タイムス電子版に『地上イージス導入へ／来月にも閣議決定　秋田・山口が候補』という見出しとともに、『政府は、北朝鮮に対する弾道ミサイル防衛（BMD）の新規装備となる地上配備型迎撃システム「イージス・アショア」の導入に関し、12月中旬にも閣議決定する方向で調整に入った。装備を開発し技術を保持する米国と、計2基の取得に関する金額などを詰める。』という記事で恐れていた事態が前に進んでしまったことを知った。

米国トランプ大統領と安倍首相が会談をし、米国製武器の爆買いを押し付けられて、安倍首相がそれを受け入れてしまったのだ。トランプ氏は貿易の不均衡を口実に、西側諸国に同じように申し入れをしているが、唯唯諾諾と追随するのは、安倍氏のみである。

この間、北朝鮮の弾道ミサイルが秋田県沖に落下したり、日本を飛び超えて太平洋に落下するなどし、Jアラートが鳴り響き避難を呼びかけるアナウンスがあったりで、「北朝鮮は怖い国で、日本はきちんと対応をしなければならない」という世論づくりがなされ、一般市民の中ではイージス・アショア配備について大きな懸念の声が出なかったように感じる。

そのような中で、野党が反対を表明したり、市民団体が結成されて、そもそも「イージス・アショア」と

はどんなもので、設置されることの意義やデメリットを考えるために、中央から講師を招聘し学習会が行われるようになった。また、「イージス・アショアの配備を行わないことを求める国会請願署名」が行われ、市民の関心も少しずつ高まっていくように感じられた。

２０１８年6月1日、防衛省は秋田県と山口県に対し、イージス・アショア配備候補地を秋田市の「陸上自衛隊新屋演習場」と、山口県萩市の「陸上自衛隊むつみ演習場」としたことを伝えた。

選定理由として防衛省は、

○イージス・アショアについては、北朝鮮の核・ミサイル開発がより重大かつ差し迫った新たな段階の脅威になったことを踏まえ、２０１７年12月に、弾道ミサイルの脅威から我が国全域を24時間３６５日、防護し得る装備品として、国家安全保障会議及び閣議において導入を決定した。

○イージス・アショアの配備候補地については、我が国全域の防護の観点から数理的な分析を行ったところ、秋田県付近と山口県付近に配置した場合に、最も効果的に防護できることが判明したことを踏まえ、可及的速やかに配備を実現することが必要との判断から、秋田県内及び山口県内の自衛隊施設を対象に、レーダーの遮蔽となる地形が周辺になく、１㎢以上の平坦な敷地が確保でき、インフラ条件が整っているかどうかを検討した。２０１８年5月に、防衛省内の委員会（統合機動防衛力構築委員会）での議論を経て、配備候補地として陸上自衛隊新屋演習場及び陸上自衛隊むつみ演習場を選定した。……として、最適候補地であると結論付けている。

しかし、住宅地や保育園・幼稚園・小学校・中学校・高校が隣接していることへの言及は全くなく、電磁波による健康への影響やテロや有事の際に攻撃を受ける危険性、そして核ミサイルで攻撃された際の被害の範囲や避難する場所や方法についての説明は一切なかった。

　その後、県議会や市議会、なぜか新屋演習場から半径３km以内のみの町内会役員、小中高のＰＴＡなど68団体に説明会の整理券が送られ、参加者は47団体の119人であった。そして一般市民などへの説明会が開催されたが、市民が何よりも知りたい強力なレーダーの電磁波による健康被害やドクターヘリへの影響、攻撃目標にされてしまうのではないのかという恐れや、発射されたミサイルから切り離されたブースター（初期加速用推進装置）が住民の頭上に落下するのではないかなどという切実な質問に対して、防衛省は「安全である」とのみ答えるばかりで、事細かく質問・追及すると「防衛上の機密」を盾にして、「地元に丁寧に説明しながら対応していく」と繰り返しながら、何一つまともに答えることはなかった。

　そのような動きの中で、２０１８年７月16日付の地元紙秋田魁新報社の朝刊一面に、小笠原直樹社長の署名入り社説「どうするイージス―兵器で未来は守れるか―」が掲載された。小笠原氏は「書いたのは、地元国会議員に対する本誌のアンケート調査に、自民党議員がどちらかといえば賛成と回答し、安倍一強の政治主導で押し切られるという危機感から」という。この論文が全国的な反対運動を覚醒させた。

　そして配備予定地の地元16町内会で構成する秋田市新屋勝平地区振興会が、２０１８年７月25日に臨時総会を開き、「住宅密集地にイージス・アショアはいらない」と配備反対の決議をあげ、続いて豊岩地区振興会（秋田市）が賛同書を、柳町町内会（秋田市大町）が反対の決議を、保戸野金砂町東部会（秋田市）も反対の意見書を提出した。しかし、秋田市新屋振興会が新屋勝平地区振興会からの要請を受けながら賛同の決議を出すことができなかったことが残念で悔やまれる。

　防衛省から説明を受けた佐竹秋田県知事と穂積秋田市長は立場を明らかにせず、秋田県議会と秋田市議会は、市民団体や個人が提出した計画反対を訴える請願や陳情を「否決」し続けてきたが、新屋勝平地区振興会が配備反対決議をあげた後は、来春に控えた統一地方選挙を気にしてか「継続審査」へと微妙に変化を見せていった……。

その後、山口県の反対運動と情報共有などでつながった粘り強い市民運動の高まりと、利害関係のないマスコミの力強い報道、そして防衛省が示した杜撰な説明資料や居眠りなどのオウンゴールもあり、それにつれて関心を示さなかった市民にも「イージス・アショア」とはどのようなものなのかが知れ渡るようになっていった。また、明確にイージス・アショア反対を訴えた市民と野党の共同候補である寺田静氏が参議院議員選挙で自民党現職を破って当選することとなり、冒頭の河野防衛大臣のイージス・アショア配備の断念につながっていった。

2020年9月4日に防衛省が発表した「イージス・アショアに係る経緯について」という文書がある。1．本件の概要　2．事実関係等について　3．評価をまとめた16ページのものであるが、評価を見ていただきたい。

3．評価

（1）全般

防衛省においては、北朝鮮が弾道ミサイルの発射を繰り返すなど、我が国を取り巻く安全保障環境が一層厳しさを増している中、イージス・アショアの導入・配備を急ぐ必要があると考えていた。このため、米側との協議やそれを踏まえた安全措置の検討と地元説明を並行的に実施することとなった。結果的に地元に対して約束していたことが実現できなくなり、慎重さ、誠実さを欠いた対応となった。

（2）防衛省内の体制

イージス・アショアの配備に係る業務全般を通じて、2019年6月に明らかになった説明資料の誤りに見られるように、防衛省内における配備にかかる検討のための体制が十分でなかった面は否定できず、当初の段階から十分な体制を構築しておくべきであった。省内の意思疎通や情報共有の在り方などを含め、仕事の進め方に係る問題を改善するため、風通しの良い業務環境を整備していく必要がある。

（3）地元への説明

さらに、イージス・アショアがSM―3を発射する事態は、弾道ミサイルが我が国に向けて発射されているような状況であり、このような極限の状況を想定していることに理解を得つつ、当初から住民避難等の国民保護措置を含めて安全対策に万全を期すとの考えに立って、丁寧な説明を実施することも検討されるべきであった。

（4）防衛省における技術面での制約

ブースターの落下範囲を制限するために必要な改修及びその規模を正確に見積もることができなかった理由については、イージス・システムの開発・統合が米側によって実施されているために、防衛省において、イージス・アショアのシステム全般に関する知見を本件改修の規模を見積もることのできるほどには十分に有していなかったことが挙げられる。また、SM―3ブロックⅡAは日米共同により開発されたミサイルであるが、今回問題となっているブースターは米側が設計・開発しているものであるため、我が国には、ブースターの落下に関する迅速かつ正確なシミュレーションを行うための情報やソフトウェアがなく、防衛省として検証することに限界があったことも要因と考えられる。

読んで唖然とするのは、反省をしたからいいのではなく、こんなこともわからずに「イージス・アショア配備」を強引に進めてきたのかということ。これまでにかかった金額と発生するであろう違約金は莫大な金額となることが予想される。トランプ・安倍会談によってもたらされた騒動は、ただの税金の無駄遣いであったということ。そもそも進めてはいけない案件、やる必要のない案件であるにもかかわらず、嘘をつき、他に活用できていた血税を無理やり引っ張ってきて無駄に浪費したということであった。

私たち一人ひとりが進めた「イージス・アショア反対運動」は、「これしかない」と運動をただ単に一本化することではなく、沖縄の平和運動に学び、時には三陸の津波対応の言い伝え「てんでんこ」を地で行く個人・団体などの熱意と小さな力の結集が有機的に結びついてなされたものである。

その中でも元秋田大学工学資源学部准教授の福留高明氏がFacebookにUPした、「北朝鮮ミサイル基地——秋田・萩——ハワイ・グァム米軍基地の地理的位置」の果たした役割が大きい。氏は米シンクタンク「戦略国際問題研究所（CSIS)」の発表した論文「太平洋の盾："巨大なイージス艦"としての日本」と専門家としての科学的論拠に基づいて行った指摘は、防衛省をたじろがせた。また、羽後町出身で虫プロダクションなどで活躍されているアニメ監督の有原誠治氏が書き下ろしてくれた「なまはげイラスト」が、缶バッヂや看板となり反対運動のシンボルとなった。

「イージス・アショア配備断念」をさせたこの成果は、底なし沼へ札束を投入しているような辺野古の埋め立てなど沖縄へと還元し、そして風力発電などの諸課題に生かされることと信じる。

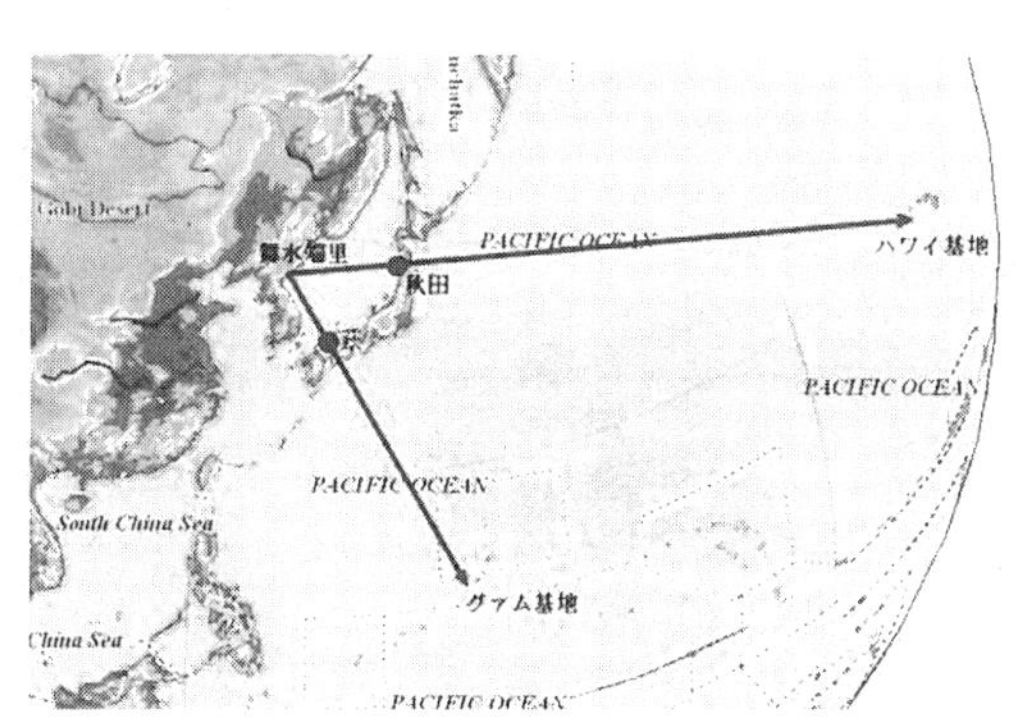

元秋田大学工学資源学部准教授福留高明氏のFacebookから。

大きな力をいただいた虫プロなどで活躍された羽後町出身のアニメ監督、有原誠治さんに書き下ろしていただいたイラスト。

筆者が、看板をギャランティーとしてエキストラ出演した映画「火口の二人」の１シーン。主人公二人とすれ違う中高年の悲哀が頭頂部と背中に表れていませんか？

学習会・講演会などを撮影し、DVDに焼いたものは以下。(連絡は映画センター吉田まで)

・2017年12月24日　小泉親司「イージス・アショア学習会」
・2018年 2月 4日　イージス・アショア勉強会1「井筒高雄」
・2018年 5月20日　イージス・アショア住民勉強会２「荻野晃也」
・2018年 7月 8日　穀田恵二イージス・アショア国会報告会
・2018年 7月28日　第2回防衛省説明会１・２
・2018年 8月19日　防衛省地域住民説明会
・2018年10月22日　防衛省電磁波説明会
・2018年11月24日　藤岡惇講演会「イージス・アショアは核の大惨事を～」
・2018年12月17日　生田目昌明講話「ミサイル防衛計画」
・2019年 1月24日　イージス・アショア県庁記者会見
・2019年 2月 3日　イージス・アショアシンポジウムinアルヴェ「住宅密集地になぜ」
・2019年 2月15日　生田目昌明講話「イージス学習会」
・2019年 2月17日　吉田　幸雄「考えてみませんか？イージス・アショア」
・2019年 2月21日　県民の会高橋千鶴子「イージス・アショア強硬配備は許しません」
・2019年 3月 8日　イージス・アショア市民トーク
・2019年 3月10日　県民の会「小泉親司講演」
・2019年 5月 6日　秋田市議との対話集会
・2019年 6月 8日　防衛省説明会勝平コミセン1
　　　　　　　　　防衛省説明会勝平コミセン2
・2019年 6月10日　防衛省住民説明会in秋田市文化会館
・2019年 6月16日　市民トーク集会
・2019年 6月23日　半田滋講演会「止めようイージス配備」
・2020年 7月18日　さよなら「イージス」市民報告会
・2020年 9月20日　小林建一講演会「イージス・アショアとは何であったのか」
・2020年 9月26日　むのたけじ賞記念講演鎌田慧「イージス・アショア新屋配備を断念させたのは～」

第三章　山口県むつみ演習場からの報告

「イージス・アショア配備計画の撤回運動」に参加して、今思うこと

令和2年（2020年）12月30日　記す

山口県萩市　K・O

Oさん宅のハイビスカス

今、世界は本年［令和2年（2020年）］1月に中国武漢で発生した新型コロナで疲弊し、出口の見えないトンネルの渦中にあります。我が国も医療や経済、観光等、根詰まりの状態で失業者や自殺者も増加し未曾有の社会問題になっています。

そうした中、安倍元首相は2年半に渡って「イージス・アショア配備計画」を先導し、日本を大混乱に陥れました。又、7年8ヶ月の長きに渡り政権を担ってきました、しかし疑惑のオンパレードで政治の混乱をもたらしました。

その一つ「桜を見る会」の疑惑に、ようやく東京地検特捜部の調査が入りました。安倍元首相の肝入りで始まった「イージス・アショア配備計画」の推進から撤回への過程を反対運動者の眼を通して時系列に追ってみました。

疑惑の森友問題。平成29年（2017年）2月17日

安倍元首相は国会で森友問題を問われ「私や妻が関係していたら国会議員と総理大臣を辞める」と発言。その後、安倍元首相を守るため、財務省の公文書の改竄が行われて財務省職員、赤木俊夫さんの自殺に発展、現在裁判中です。

赤木夫人（雅子さん）を支援する電子署名は37万超筆（令和2年12月6日現在）が寄せられ今も増え続けています、多くの国民から早期の真相究明が求められています。

そうした中で強引に数の力で右傾化を強める安倍元政権は、同年（２０１７年）12月、突然「萩市むつみ」「秋田市新屋」にイージス・アショア導入を閣議決定したと、ＮＨＫのニュースで知りました。

私が生まれ育った阿武町と今、住んでいる萩市の境界線に位置する自衛隊の「むつみ演習場」にミサイル基地が出現することになる。もしミサイル基地が出来たら「自然の豊かな青空の下で牛が草を食む牧歌的な風景」は失われ、日本海の沿岸で獲れる新鮮で廉価な魚介類、萩・千石台で収穫される大根、トマト、名産品のむつみ豚等、風評被害に曝され値段が下がり、漁業従事者や農家の生活に影響が出ることは明白です。実際にミサイル基地が出来ると、人口減少に拍車が掛かり急激なコミュニティーの崩壊が進むであろう。現に計画が発表されて以降、移住に関する問い合わせ照会件数は０件で動きが止まりました。（阿武町役場に確認）

平成29年（２０１７年）の大晦日に今年一年を振り返り、私の胸中は漠然とした不安と大きな宿題を残したまま暮れて行きました。

明けて平成30年（２０１８年）の早春、「萩市出身の河村建夫衆議院議員（二階派所属　元官房長官）・弟で山口県会議員　田中文夫、萩市議会員ら数名が揃って広島防衛局へイージス・アショア配備の陳情に伺った」と毎日新聞が報じました。

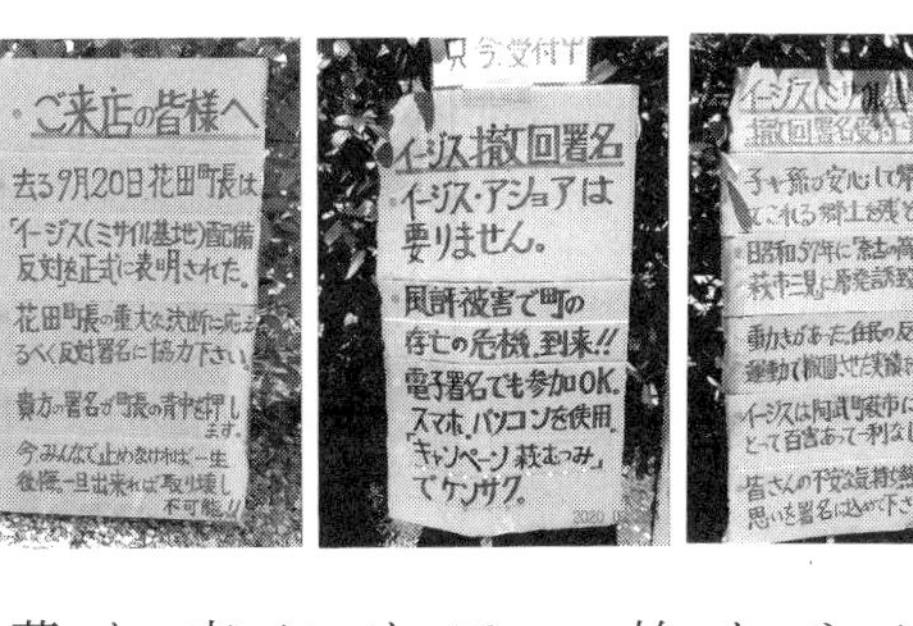

手づくりの段ボール看板

それに対し阿武町や萩の住民の中にも反対運動を盛り上げなければ「沖縄・辺野古」や「福島の原発」の二の舞になるという危機意識が芽生え始めました。

そこへ萩市内に「イージス・アショア配備計画の撤回を求める住民の会」が発足。代表に「森上雅昭」氏が就任。「萩市」が好きでIターンでわざわざ萩に移住して10年余年。萩の魅力を満喫して暮らしていたが、降って湧いたミサイル騒動に一肌脱ぐことを決意。類い稀な行動力、理路整然とした話しぶり、明晰な頭脳で「住民の会」を牽引。講演会や平和集会を企画し政治家や学者・要人との折衝、打ち合わせ等「八面六臂」の活躍で維新の町、「萩」の幕末風雲児「高杉晋作」並みに貢献されました。

身近で見ていて、この人なしでは「巨大な岩盤」(イージス・アショア問題)を動かすことは出来なかったと率直に思います。後日、私は森上さんに誘われて「住民の会」に入会しました。

住民の会の当時の仕事は、住民への「チラシ」配りと「反対署名」を集めること。10余名のメンバーを2つに分けて「阿武町・道の駅」と、萩市の中心部にある地場の総合スーパー「アトラス」、それぞれの店舗の責任者の了解を得た上で、平成30年(2018年)4月から署名運動を始めました。署名件数を少しでも多く集めるために、その外のスーパーや商業施設とも交渉した、政治的で微妙な問題が絡むため、やんわりと断られました。私は生まれが阿武町ですので「阿武町・道の駅」の署名活動の担当をしました。

署名活動の詳細については、ひと月のうち土・日曜日の繁忙日で4～5日。朝の9時半～12時の時間帯。活動資金を節約するためダンボールの裏紙を利用してマジックで手書きの看板を作成。（手書き看板を写真に撮影し別紙のとおり添付。）署名活動も回数を重ねるごとに署名件数も増加し励ましの言葉もいただくようになり、我々の大きな「支え」になりました。もちろん「イージス・アショア配備」に賛成の方もおられます。そんな時は「柳に風」と決め込んで受け流すことにしました。

そうこうしているうちに月日は流れ同年11月になりました。

この施設は年末にかけて多くの来店客を見込んでおり、署名件数の増加を期待しております。ところが阿武町役場から署名活動の場所の提供を中止すると申し出があり署名活動に、暗雲が垂れ込めた思いがしました。中止の理由を尋ねたところ、道の駅は公共の施設であり、中立であるべきとの横やりが入ったとの事。残念で腹も立ちますが森上代表に相談の上、11月からは「旧萩市内」とむつみ演習場の近隣の民家（農家）を対象に署名活動を続けることになりました。

すこしだけ「阿武町・道の駅」を紹介します。

「平成5年（1993年）10月、日本で最初にできた道の駅で人口約3，200人の阿武町が運営。北浦地区（阿武町・萩市・長門市を含めた総称）の台所としての役割を担う。近隣の萩市、長門市、車で一時間で来れる山口市、美祢市。そして遠くは下関市、島根県の益田市、浜田市・ドライブを兼ねて九州ナンバーの車両も散見され、町外の客足が絶えない魅力的な商業施設です。

将来はキャンプ場も併設（現在突貫工事中）。この店舗の売りは日本海の荒波に「おおしき網」を浸けて獲る新鮮な魚の鮮度の良さと、とびきりの安い値段です。ある山口市内の弁当屋の店主いわく、「朝、獲れてすぐに水揚げされて、新鮮そのもの。一時間駆けて車の油代（ガソリン代）が、かかっても十分、おつりが来る。種類が豊富でサイズが揃っており弁当屋にとって、うってつけ‼。　夫婦で定期的に来ている。」と絶賛‼。それと日本でもブームに火が付いた「キャンピングカー」の滞留地としても人気を博しています。まずは新鮮で廉価な価格の食材、自炊するドライバーにはうってつけ。食堂、お風呂、駐車場も完備。気候もおだやかで災害が少ない。人情も豊かであることも売りの一つ。多様な客層がリピーターとして利用している。以上のように地域住民やキャンピング生活者にも愛され必要とされる施設で、コロナ禍の中でも多いに健闘している。

　同年（２０１８年）夏、防衛省は阿武町・萩市の公共施設の数か所で、住民説明会を頻繁に開催するようになった。防衛省側は『五味賢至課長』を中心に専門分野、３０人余りのメンバーで構成されている。

　説明会の進め方も終了時間を事前に告げられ、住民側の質問時間は限られる中、本当の事を知りたいと機微な質問や直球的な質問には「機密事項」なのでお答えできないの一点張り。同じ回答の繰り返しには本当に腹が立ち、ブーイングで応酬しました。終了間際には怒号が飛び交い妥協点を見出せないまま散開。本当に市民に理解させるように説明しているのか甚だ疑問。住民側から見れば、時間稼ぎや実績づくりの何物でもなく安保法制でも採用した戦法と同じで、最後は裁決と強行する国会。すぐにでも「むつみ演習場」にブルドーザーが入り込み工事を進み始める筋書きを大変危惧していました。

　ところが同時期に秋田市で開催された住民説明会で、参加者の逆鱗に触れる事態が発生しました。出席した幹部の一人が居眠りをするという、前代未聞の醜態が全国放送で拡散され、ずさんな調査や誤った説明等、不具合が散見され防衛省の信頼は地に落ちた感があります。

　これを機会に安倍政権や防衛省に対する不信感や、不誠実な態度により、一層厳しい眼が注がれるようになったことは、間違いありません。

この住民説明会の件で、特に強調しておきたい事があります。この年の9月20日、阿武町会場での住民説明会の終了後、「花田憲彦」町長がむつみ演習場へのイージスの配備計画に対し正式に反対表明をされました。この出来事は我々反対派にとって衝撃的な出来事でした。「正に青天の霹靂」。本当に胸の閊えが取れた気がしました。安倍一強といわれる政権に対し堂々と弓を引く首長がいただろうか?。安倍元首相は自民党員でもある「花田憲彦」町長に対しイージスの問題も最終的には協力してもらえると踏んでいた節があります。

山口県の選挙区は自民党がことさら強く、安倍元首相のお膝元でこのような事態になるとは思いもよらなかったし、心中穏やかではいられなかったと思います。イージス配備に向けての政策に対し、一抹の不安が生じたことは確かだと思います。

「花田憲彦」町長の反対表明は我々反対派にとっても「勇気百倍!!」。大きな流れを我々に引き寄せ一縷の望みを与えてくれました。しかし、残念なことは山口県の「村岡嗣政(つぐまさ)」知事と萩市の「藤道健二」市長の対応には逆に失望しました、明確な態度を示さず、「様子見の態度」で絶望感や情け無さが募りました。

もう一つ、私にとって忘れられない、有難い出来事がありました。私の備忘録に同年(2018年)8月14日とあり、山口朝日放送(YBA)がもう一箇所のイージス・アショア配備候補地「秋田市の新屋」で、イージス・アショア配備反対に取り組む市民の姿を写し出していました。

「佐々木勇進」と名前が写っていて、直ぐに電話番号を調べ電話をしました。それが「佐々木勇進」さんとの最初の出会いです。「今後、協力しながら反対運動を続けること。今後の反対運動に役立つ資料や情報があれば交換しましょう」と話し、今もあの時の出会いと変わらずに、誠実に接して頂いております。大変有難い事です。約2年後の6月15日（正式には1年と10ケ月後）「蟻が象を倒すような」（イージス・アショア配備撤回）事態になるとは誰が予測したでしょうか?。当初は阿武町・萩市民だけでなく、秋田の住民の方々と連携し、その先には全国津々浦々に、「燎原の火」のごとく、この反対運動が盛り上がればと願っておりました。

「今も河井克行夫妻を告発する署名」、「森友問題で自殺された赤木俊夫さんに代わり国や安倍元首相を訴えて裁判を起こしておられる夫人の赤木雅子様を支援する電子署名」等、御協力を頂いておる次第です。本当に有難うございます。

平成30年（2018年）は、私のカレンダーの予定表が「署名活動」、「チラシ配り」、「打ち合わせ」等々で黒く埋まっており、今振り返ると「良く動き回った」というのが正直な感想です。思想や信条は違えども「イージスを止める」ことにおいて、連携を模索した多くの友人・知人との出会もありました。

時は移り平成31年（2019年）新しい年を迎えました。この年の国民の関心事は5月1日に「平成」から「令和」に変わる改元です。皇室に関連する諸行事が粛々と執り行われ、新聞やテレビで報道されていました。

しかし、私の最大の関心事は7月に行われる参議院選挙です。この選挙はゆうなれば、秋田県のイージス・アショア配備の「可否」を決める選挙です。自公推薦の自民党候補者が勝てばイージス・アショア配備計画が一気に進むでしょう。野党統一候補の「寺田静氏」が勝てば計画に待ったをかけることが出来ます。

秋田の選挙結果がイージス配備の有無、日本の防衛の将来像、安倍政権の命運を左右すると言っても過言ではないと思います。安倍元首相・菅元官房長官からなる安倍元政権にとって、今回の選挙は絶対に落とせない選挙です。特に秋田県の選挙は注目度が違いました。日本全体が注視している選挙です。

イージス・アショア配備候補地の阿武町・萩市は、自民党公認の林芳正候補（自民党岸田派所属、元防衛大臣等歴任）の当選が確実視され、実際に選挙結果は、野党候補を寄せ付けない圧勝でした。しかし選挙公約に、イージス推進を掲げるも、イージス反対派に配慮して少し触れる程度で、争点をずらす戦略でした。

イージス反対派にとっては、当初から諦めに近い、手の打ちようがない一方的な選挙でした。選挙結果以上に興味を集めたのが、林芳正参議院議員の衆議院への「鞍替え問題です」。林芳正議員と安倍元首相の関係がうまくいってないことは、地元では有名です。

2017年3月、下関出身の両氏が下関市長選挙を巡って、熾烈な代理戦争が繰り広げられました。安倍元首相の元秘書の「前田晋太郎」候補と林芳正参議院議員のグループで当時の市長「中野友昭氏」の一騎打ちとなりました。

この頃、安倍元首相は「森友問題」や「南スーダンの日誌に隠ぺい問題」で窮地にあり、長年の盟友・隣県の福岡県が地盤の「麻生太郎」財務大臣の応援を仰ぎ、九州の有力企業や縁故者を動員して「票の上積み」を計った結果、安倍元首相の元秘書「前田晋太郎」候補が新市長の座を射止めました。

元秘書の勝利は「副産物」として、森友問題等で窮地にあった安倍元首相に禊（みそぎ）を印象づけた選挙でもありました。

来年9月までに必ず実施される衆議院選挙は、特に山口県3区は注目の的になっています。安倍元首相に近い自民党公認「河村建夫」衆議院議員。一方、参議院から衆議院に鞍替えを模索する「林芳正」参議院議員。無所属で立候補をするのではとの憶測が流れ、既に水面下では熱い戦いが始まっています。

私は秋田県の選挙結果にも一縷の望みを抱いていました。秋田では野党統一候補の「寺田静」氏が勝てば流れが変わるかもしれない。私の胸の奥に確信めいたものが芽生えていました。

今回の参議院選挙は安倍元政権も、「のるか・そるか」の命懸けの選挙戦だったと思います。秋田県の湯沢市出身の菅元官房長官が陣頭指揮、あらゆる手立てを総動員し考えられない行動に表れていると思います。選挙期間中、安倍元首相、菅元官房長官二人が秋田県内に留まり、各地を複数回遊説したと聞いています。

本来なら全国各地を応援演説で回るのが党首の努めであり、官房長官も同様だと思います。そして、女性に特に人気のある、小泉進次郎環境大臣を現地入りさせ、各地を遊説させました。自民党、公明党の幹部も相次ぎ応援で現地入り。挙党体制で臨んだと聞いています。

投票日の前日も、菅元官房長官は自ら現地の支援者に電話をかけ、自民党候補の投票を要請したと聞いています。やれることはすべてやったと言うことです。

さて、当日の夜8時に開票作業が始まりました。大変な激戦で予断を許さない状況が深夜まで続きました。私は緊張しながらNHKの報道、インターネットで得票数を祈るような気持ちで追跡しておりました。そして「寺田静候補、当確!!」の一報を聞いた時の瞬間、私は体に震えが来てそのあとこみあげる歓喜に変わりました。これで「流れが変わるかもしれない」。すぐに秋田の佐々木勇進さんに電話をし、二人で勝利を祝福しあいました。その後、私は選挙結果の勝利の余韻でなかなか眠ることが出来ませんでした。

翌朝、新聞に目を通し「寺田静」候補の当選結果を確認し、森上さんはじめ関係者の方々に電話して健闘を讃えあいました。今回の選挙結果は安倍政権に「一矢報いた形」になり安倍首相自身にも内心相当の動揺があったと推察します。

しかし自公で過半数を獲得し、安倍政権の継承と新しいメンバーでの組閣が後日おこなわれました。顔ぶれは前回と余り変わり映えしない中で、一つだけ注目に値する人事がありました。河野太郎外務大臣が防衛大臣に抜擢されました。私はこの人事で安倍元内閣が密かに「時限爆弾」を取り込んだ、なにか起こるのではないか?。そのような思いを持ちました。

そして、7月の参議院選後は何事もなかったように、一喜一憂しながら暮らしておりました。

11月になると安倍元首相の「桜を見る会」の疑惑が俎上に挙がるようになりました。野党議員からの激しい追及も、いつもの二枚舌で悪びれた様子もなく、堂々と釈明を繰り返し、なにごともなかったように振る舞う姿勢に、支持率は下降線を辿るばかりで、一国の総理大臣としての矜持や、一個人としての人間性が問われる場面が多くなりました。

元号が平成から令和にかわった令和元年(2019年)を総評すれば東京オリンピックを再来年に繰り越し、同様に安倍政権の負の遺産でもある数多くの疑惑を積み残しました。

個人的には大晦日は年越しそばを食べ、紅白歌合戦を見て除夜の鐘を聞きながら、今ある命に感謝し、来年の幸せを念じ①「イージスの配備撤回」②「軟弱地盤が見つかった沖縄・辺野古の移設工事中止」③「原発ゼロ」を念じて眠りにつきました。

令和2年(2020年)新しい年を厳かに迎えました。冒頭の書き出しで綴ったように新型コロナの影響で未曾有の世界不況が現実のものになろうとしています。政治が国民に信頼され、世界の人々が一丸となって、助け合ってコロナ禍を乗り切って行く。重い課題ですが日本人は数多くの逆境の歴史を乗り切って来ました。日本人の崇高な精神性、明晰な頭脳、知と柔軟性の文化を総動員して手を携えて新型コロナと戦いたいと思います。

年初から、私達のイージス・アショアの活動も「3蜜」を避け、お互い会って話をすることや会食を慎む生活となり、会議等激減しました。イージスに関する動行は、今年の春頃から山口県や萩市の動きを見ると、イージス・アショア配備に向けて積極的にアリバイ作りや根回しを、我々住民に説得しているように見えました。いずれ近いうちに、安倍政権や防衛省が思い切った手を打って動いて来ると日々危惧しておりました。

令和2年（2020年）6月15日。私はこの日の出来事を生涯忘れることはないと思います。当日は親しい友人の誕生日で、祝福のメールを朝、早い時間帯に送りました。そしていつもの普段どおりの生活を送っておりました。

午後5時前にNHKの番組を見ておりましたところ、「イージス・アショア配備計画のプロセスを中止」とテレビ画面の上段に、横文字が映し出されました。イージスに関する事だとはわかりませんでしたが半分、何のことだろうとすぐには理解できませんでした。

すこし経過して河野防衛大臣の記者会見があり「イージス・アショアの配備計画のプロセスを中止する」と正式に発表しました。この瞬間、私の中を歓喜が衝きぬけました。「こんなことが実際に起こるんか」「これで阿武町や萩が生き残る」と思いました。

すぐに森上さんに連絡し「住民の会」を先導いただいたお陰で、イージスが止まったことをお互い祝福し健闘を讃え合いました。次に、秋田県の佐々木勇進さんに電話しました。「こんなことが実際起こるんか」よく頑張ったなと。お互いをねぎらいました。

次にイージス反対で協力いただいた方々に「祝福と感謝」の言葉を伝えました。この運動を通じて150人余りの方と知り合い携帯番号を交換しておりました。今思うと、同じ方向を見ている友人・知人がこんなに沢山出来たことは、私の今後の人生にとって貴重な財産でもあります。これまでの私の人生で5指に入る「慶事」が成就しました。

今、振り返ってみてイージス・アショア配備計画撤回の要因を上げるとしたら、(一) 番は「森上さんがイージスの住民の会を立ち上げていただいたこと。(二) 番は「花田憲彦」阿武町長が反対表明したこと。(三)番は参議院選挙の秋田で野党統一候補の「寺田静」

氏が勝利したこと。（四）番はこれは安倍政権のオウンゴールになるかもしれませんが、河野太郎防衛大臣が誕生したこと。（五）番は市民の中にも「隠れイージス反対者」が想定以上にいたこと。等々、そして折々神や仏の御加護を感じることがありました。

6月15日の河野防衛大臣の中止発言から一か月余り経過して、私は阿武町役場に行く用事があり、花田町長に直接、町長室でお会いする機会がありました。「町長、本当に良かったですね。町長が体を張って立ち向かって行っていただいたお陰で、阿武町民も一体となって、闘うことが出来ました。2年6ヶ月という、長い間、本当にお疲れ様でした。」と申し上げました。

花田町長も当時とは打って変わって、いつもテレビでみる堅い緊張感のあるお顔から、柔和で晴ればれとした、やさしい表情をしておられました。お礼と感謝の気持ちをお伝えして、町長室を後にしました。

最後になりますが安倍元首相、菅元官房長官は「阿武町、萩市、秋田市」に直接来訪し、住民にお詫びしていただきたい。住民の大半は、住民同士の分断や中傷で傷つきました。精神的な苦痛、不安も強いられていました。

安倍元首相の物事を深く考えない拙さ、幼稚が住民を苦しめました。しっかり私たちの目をみすえて、お詫びをしていただきたい。

その上で私は敢えて安倍元首相に伝えたい

① 日本の戦後の政治を歪曲し、貶めて来た張本人、歴代の総理大臣の中でも素養や人間的な深みが、みじんも感じられない。劣悪で最悪な総理大臣です。

② 「道徳心・愛国心・美しい国」を人一倍訴える人物が何も責任を取らない。部下に責任を押し付けて乗り切る。よく発言される「正義・信義・美しい日本」という言葉のフレーズが空虚に聞こえる。子供は親や公人の言動を見て学ぶ。教育上好ましくない。政治家を即刻、退いてほしい。

③　今の政治家の振る舞いや国会中継・記者会見を見ていると、「言葉の軽さ」や「その場しのぎの答弁」の繰り返し。菅元官房長官しかり。加藤現官房長官は「ごはん論法」なる話法をあみだし、国民を手玉に取っている。安倍元首相を含めた3名は、特に国民と向き合うという姿勢が、みじんも感じられない。国民を愚弄している。

④　第二次世界大戦で日本人の尊い命が310万人、失われた。当時の軍事政権は、敗戦の責任を取らなかった。今の安倍元政権とよく似ている。無責任体質の極み、悪事を働いておりながら、知らぬふり。ほとぼりの覚めるのを待つ戦略。「森友」「加計」「南スーダン」「桜を見る会」。官僚による虚偽・改竄・隠蔽の横行で政治不審の極み。

　安倍政治を継承した菅政権はコロナ禍を克服できるのか不安?。日本医療体制が崩壊しないか恐怖心を覚える。第2次世界大戦と同じ轍を踏んではならない。

⑤　幕末の長州・萩の風雲児「高杉晋作」を安倍元首相は尊敬していると聞いている。晋作の「晋」の一文字をもらって「晋三」と名付けたと聞く。「母方の祖父・岸信介（きしのぶすけ）内閣総理大臣」。「父方の祖父・安倍寛（あべかん）国会議員」。「父・安倍晋太郎（あべしんたろう）外務大臣」。という錚々たる顔ぶれの政治家を輩出した「安倍家」の次男として、父の秘書を経て、政治家を志し、内閣総理大臣に登り詰めた「安倍晋三」氏の、政治活動に疑問を呈します。祖父たちがせっかく築き上げた長年の功績に、泥を塗るような行為は慎むべきです。「高杉晋作」先生と同様に、草葉の陰で泣いておられるに違いありません。

　以上が私の感想文です。このような機会をいただいた「佐々木勇進」さんに改めてお礼を申し上げます。秋田市民のイージス・アショア配備撤回に向けての取組を後世に残す本当に素晴らしい取組です。「二度と戦争が起きないように、起こさないように」と念じながら御成功、御健康をお祈り致します。

おわりに

2020年6月15日河野防衛大臣が、イージス・アショア配備を正式に中止と発表した。その理由は、ミサイルの第一番目のブースターの落下を、制御出来ず住宅地に落下する恐れがあるという、これは、当然の帰結でした。防衛省の説明会で住民がなんら疑問を呈しなかったら、おそらく設置されていたのかもしれない。

海上型のミサイルは、電磁波も、ブースターも、山の高さも、津波などの対策の必要性はなく、どこでも自由に出来るものだ。それを、地上に配備することになれば、日本では、周りがすべて居住権となっており、それにたいする対策はなにも無かったからだ。

アメリカにその対策のノウハウを確認しても「できれば住宅地の近くでない方がいい」と言われ、防衛省はその対策のマニュアルを作らなければならなくなって、大変困ったと思われる。

数年後完成するであろう最新鋭の、未完成のミサイルを想定して住民の対策を作ったのだから、住民への答弁には、具体的な話はできず、抽象的な答弁と「軍事機密」とすることしか言えなかったと思われる。説明会を何回か聞いているうちに、防衛省は確信を持って説明しているようには思えなかった。

政府が日本の防衛について、独自に真剣に考えることなく、また防衛省も省内の幹部間の認識の一致を経る時間もなく、アメリカの要求に沿う形で進められたのが中止の始まりだ。安倍内閣のごく一部の人が、日本の将来を深く考えずに物事を、国会に諮ることなく進めることに、すごく不安を感じている。

権力を握っているものが、自分の都合に合わせて、物事を決め、その理由を後付けにしているのが、問題の起こる発端だ。

「桜を見る会・森加計問題・黒川氏の定年問題・日

本学術会議問題・河合夫婦の政治資金問題・アベノマスク問題」など、上げればきりがないが、主権者である国民への説明責任はおろか、怒りを呼び起こすものばかりだ。

　これが今の政権党の姿ではないのか。

　権力を持つものは、一般人以上の倫理性と人間としての品性と品格が備わってこそ信頼され尊敬されるものと思う。


　私たち「勝平の会」は専門家の意見を聞きながら、早くからイージス・アショアの機能や導入過程など透明性が、明らかになっていないと訴えてきた。

　この2年半の間、月曜日の昼休み時間に30分県庁前で、金曜日の朝30分、勝平の豊町で、どんなに荒れた日でも欠かさず宣伝してきた。「勝平の会」の会員は、心を一つにして「生活をかけた決意」でどこにでも参加し、のぼり旗を立てたり、発言したりするなど目立つことをしてきた。


その思いが県民一人一人に伝わり、運動が広がっていったと思う。

　誰でも得手不得手はあるものだが、人の前に立って自分の生い立ちや、考えていることを述べることは、誰にでも出来るものではない、だが、「勝平の会」の会員は、私を含めて多くの会員が2年半の間に、運動の中で成長しマイクを握り、堂々と述べるようになっていった。

　それだけではない、立て看板の絵・会のニュースの発行・「イージス・アショアいらない」の歌をつくり全国に広める・学習会の講師を引き受ける・宣伝カー造り・音響装置・運行・反対の申し入文書作成・全国大会レベルの集会での訴えなど、これらはすべて「勝平の会」の会員が、それぞれ得意とするところの能力を、最大限発揮しお互いに尊重しあい行動してきた、それがさらに力となり絆が強まっていった。

　「勝平の会の人は、皆がんばるね?」とよく言われた。それは、会の活動が自分の日常生活になっていったからだろう。日常生活が闘いそのものだったと思う。この経験は、何事においても相通ずるものと確信する。県民一人一人は、声を上げれば情勢は変えられると思ったに違いない。

私は、この原稿を書き終えて、考えてみるとこれでよかったのか、もっと書く事があったのではないか、との思いはある。しかし、限られた時間と自分の能力の限界を自覚して、区切りをつけた。

文章の一部は、専門家の知見を集めたもので、その力を借りて「イージス・アショア配備撤回」の闘いの記録を、残すことが出来たことへの充実感はある。

本書の発行にあたって、たくさんの方々のご協力をいただいた。秋田市革新懇の冨岡重夫氏、勝平の会共同代表の高坂昭一氏、システム　ラボの若松清貴氏、秋田県映画センターの吉田幸雄氏の皆さんのご協力がなければ、出版出来なかったと思う、心より感謝している。

又、私の要望に応じてお忙しい中、原稿を送ってくれた皆さんに、改めてお礼申し上げたい、皆さんの寄稿が本書の内容をさらに充実したものにしてくれた。

私たちの経験が、全国各地で平和を求めて闘っている皆さんのお役に立てれば幸いです。

２０２１年２月

佐々木　勇　進

資料編

【資料1】
イージス・アショアとは

イージスは、ギリシャ神話の女神・アテナが持つ盾の英語読みを言語にしています。イージス・アショアは、「地上配備型の新型迎撃ミサイルシステム」と訳されています。敵のミサイルを撃ち落とす防衛だけでなく、セル（発射容器）にトマホークを装填すれば、攻撃兵器にすることが出来ます。対空だけでなく、対地、対艦などに対応できるミサイル32〜64発を格納できます。

レーダーと通信用のアンテナを組み込んだ建物とミサイル発射装置がセットになっています。敵の探知・追跡・発射はすべて自動化されていて、数十発が同時発射し、大気圏外で撃破する巨大なミサイル基地です。大量のミサイルが貯蔵され、地下にはシェルターがあり24時間稼働し防衛する基地です。

イージス・アショアが設置されると新屋演習場は、敵基地攻撃能力と迎撃能力を備えた最新ミサイル基地となると予想されます。

2020年現在で、山口県のむつみ演習場と2基で建築費や維持費等で、8，000億円かかるといわれています。

【資料2】
安保法制（安全保障関連法）とは

この法律は、2015年9月19日に多くの憲法学者や数十万人の市民や、学生が反対のプラカードを掲げて国会を取り巻く中、与野党の攻防の末、自民党・公明党などが多数決で強行採決したものです。これまで政府は自国を守るため専守防衛は憲法の範囲内としてきたが、安倍内閣の時になってその方針を変え、安全保障条約を結んだ国とは世界のどの紛争地域にも、様々な理由（安保法制の中に整備されているとされている）をクリヤーできれば参加できるとした。

市民は「戦争法」ともいっている、米軍の展開する戦争に参加する事ができるようになったが、米軍以外への外国軍隊にも協力出来るとしている。

【資料3】

共謀罪（組織的犯罪処罰法）とは

２０１７年6月に自民・公明・日本維新の会などの賛成多数で強行成立し、実際犯罪行為がなくても、何らかの犯罪の共謀があれば（ある行為を犯罪とするかどうかの判断をする）犯罪とすることが出来る法律で、警察が市民のある会合を共謀だと判断すれば捜査ができるもので、相談もメールやラインも対象とされており、盗聴・盗撮・密告などに頼らざるを得ず、物言えぬ監視社会になると、日本弁護士連合会などは廃止を求めています。

【資料4】

特定秘密保護法（特定秘密の保護に関する法律）とは

この法律は、漏えいすれば国の安全保障に、著しい支障を与えるとされる情報を、「特定秘密」に指定しそれを取り扱う人を調査・管理し、それを外部に知らせたり、外部から知ろうとしたりする人などを、処罰することによって「特定秘密」を守ろうとするものです。

２０１３年の国会審議では、さまざまな問題点が明らかになったにもかかわらず、それを解消されないまま強行採決された（12月成立）。

情報をもらった人、それを知ろうとした人、相談したりすれば罪を受けるもので、マスコミ関係者も含め誰でも対象になりうるものです。

関係者の家族情報や、生活、病気の情報などすべて収集・管理されることとなります。

【資料5】

盗聴法（通信傍受法）とは

２０１６年6月に成立したこの法律は、これまで警察が通信会社等に出向き、第3者の立会いのもとで、盗聴していたものが、第3者を入れなくても、自由に盗聴できるようにしたものです。市民の通信の自由が脅かされる事につながり、マークされた人から一般市民まで、捜査で盗み撮りされる可能性があります。

＊＊参考＊＊　安保法制・共謀罪・特定秘密法・盗聴法の四本の法律は、安倍内閣が目標とした自衛隊を憲法9条に明記し、海外の武力行使に参加するときに国民をあらゆる角度からコントロールするためのものと思われる。

自公政権が続く限り、自衛隊員の成りて不足を補うために次は国民への徴兵制を考えているのではないか、注意が必要だ。

【資料6】
石山平和観音と勝平寺

石山平和観音は、秋田市で日本海を見る景勝が一番いいと言われている場所で、特に夕陽のきれいなところとして知られています。

この石山平和観音は、沖合い遠くに男鹿半島、南に霊峰鳥海山を望む絶好の景勝地です。石山観音は（以前は石山観音といわれていた）1185年頃に、漁師の網に観音様が掛かって引き上げられ、石山の丘に海に向かって祀られています。それまで不漁が続いていた海が、この観音像を祀った後に豊漁が続いたといわれ信仰が厚くなったと言われています。

天長の大地震（830年）で勝平寺が崩壊し、その際に近くの雄物川に流され、約350年後に海から引き上げられた石仏の1つでないかと言われています。

昔から信仰のあったこの地に、1952年に戦地に散った霊を慰めるためと戦争してはいけないとの思いを込め、地元の篤志家により石山平和観音が建立され、40番観音像も祀られています。この公園は長年守り続けてきた石山平和観音保存協力会が、地元有志と勝平寺・秋田市と協力しながら、毎年東屋の清掃や花壇の手入れ草刈りなどして景観を保つために、活動しています。
いまの勝平寺は、古代の地震で砂に埋もれ１２００年余の間、幻の寺としていましたが１９６４年地元の要望もあり、髙柳高城氏が復興開山し今の住職さんは2代目です。

【資料 7】

秋田県議会議員各位　　　　　　　　　　　　　　　２０１９年9月13日

イージス・アショアの配備撤回を求める申し入れ

私たち勝平の会は、自然豊かで安心して暮らせる地域が、ずっとあり続けることを願って活動しています。2017 年 11 月に新屋演習場に、イージス・アショアの配備予定と報道されてから、私たちは、地元の意見を聞きながら、あらゆる機会に貴議会はじめさまざまな団体や個人などにイージス・アショアの配備撤回を求める活動をしてきました。

この間、県民・市民は防衛省の秋田市への配備の正当性に懸念や疑義を持ち、そのような不安を解消するよう求め続けてきました。

それに対する防衛省の説明は、県民・市民に真摯に向き合うことなく、一方的に配備を押し付けるような説明に終始して、県民・市民の反感と怒りを買い、挙句の果てに国を守る防衛省とは思われない調査内容のずさんさや、説明員の居眠りなど、新屋ありきの矛盾が露呈して、全国的に批判が起こっています。

この間の選挙を見ても、県議会、市議会では、イージス・アショア配備反対どちらかと言えば反対が過半数をしめました。参議院秋田選挙区では、明確に反対をした寺田静氏が 21,000 票を超える大差で勝利しています。

知事は新屋配備は白紙と述べており、秋田県民の民意は明らかです。

今、国会も含めた防衛省内外から、未完成と言われているイージス・アショアの機種の選考過程、想定外といわれる税金の使いかた、追撃システムの能力等に懸念や疑問が出ていると一部メディア等で報道されています。

この様な現状を鑑みる時、この秋田市にイージス・アショア配備を認めることは到底考えられません。秋田市は県人口の約 4 割弱を占めており、先人が永年にわたって築いてきた、自然豊かでおだやかなこの秋田市に、戦争に結び付くようなことを許してはなりません。それが議員の務めでありひいては、そのことが日本が世界に発信する平和のメッセージにつながると確信します。

以上のことなどからイージス・アショアを考える勝平の会としては、新屋演習場へのイージス・アショアの配備について反対をするよう申し入れます。尚、参考資料として自由法曹団が 4 月に秋田市に調査にはいった時の、イージス・アショア秋田調査報告書を貴会派にお届けいたしますので、参考にして下されば幸いです。

イージス・アショアを考える勝平の会
共同代表　近 江 幸 義　TEL　018-865-2577
共同代表　荻 原 輝 男　TEL　018-863-3563
共同代表　高 坂 昭 一　TEL　018-863-0735
共同代表　佐々木 勇 進　TEL　018-862-0444

以上

イージス・アショアはいらね～
市民運動の足跡

2021年4月20日　初版発行

編著者　佐々木　勇進

発行所　イズミヤ出版

印刷製本　有限会社イズミヤ印刷
秋田県横手市十文字町梨木字家東2
電話　〇一八二（四二）二一三〇
FAX　〇一八二（四二）三〇〇一
HP:http://www.izumiya-p.com/
✉:izumiya@izumiya-p.com

落丁、乱丁はお取替え致します。

ISBN 978-4-904374-44-3

参考文献

秋田県革新懇ニュース
秋田市平和委員会 「平和新聞」
全日本年金者組合秋田支部 「きずな」
勝平地区振興会 「広報勝平」
勝平地区コミュニティーセンター広報誌
改訂 新屋郷土誌
大仙市太田町 ふるさとシリーズ第４集
秋田魁新報
朝日新聞
しんぶん赤旗
長州新聞
伊藤真・神原元・布施祐仁 「９条の挑戦」
五味洋治 「朝鮮戦争はなぜ終わらないか」

佐々木勇進（ささきゆうしん）

1945年、秋田県大仙市太田町生まれ、現在秋田市在住。
秋田銀行で共働きを勝ち取る。
小西自動車教習所指導員。秋田市学童保育連絡協議会事務局長。秋田市ＰＴＡ連合会役員。勝平台町内会役員。保険代理店。秋田市市議会議員。秋田民主商工会会長。イージス・アショアを考える勝平の会共同代表。中通総合病院友の会理事など歴任
趣味、居合道・剣舞・新舞踊・茶道。

【資料8】「勝平の会」ニュース　最初の号（上）と最後の号（下）

イージス・アショアを考える勝平の会 NEWS　2018/06/1　02 号

《連絡先 共同代表４人 近江 018-865-2577 荻原 018-863-3563 高坂 018-863-0735 佐々木 018-862-0444 》

イージス配備 夏以降調査開始
防衛政務官 1日、県庁で知事・市長に説明

1日防衛省、知事、市長へ説明。県庁で　魁電子版から

１日、防衛省の福田政務官が県庁を訪れ、県知事と秋田市長にイージス・アショア配備について、自衛隊の秋田演習場を候補地として夏以降に調査をしたいと説明しました。また周辺住民を対象に説明会を開催する方針も明らかにしました。この日正午から、「県民の会」の呼びかけに応じた 120 人が「イージス・アショアいらない」の反対集会を開き配備計画に抗議しました。

1日、県庁前「イージスいらない」の集会

『勝平の会』の活動

★「配備しないで」の署名 1400筆に近づく

４月から始まった署名。勝平地域を中心に多くの方々のご協力で５月 31 日現在、1400 筆に近づきました。

★イージスで秋田市長に申し入れ

５月９日、秋田市長に「イージス配備しない意思表示を」など３項目の申し入れを行いました。

「会」からは５人が出席、市側からは鈴木総務課長含め２人が応対しました。マスコミの取材もあり当日夕方のテレビとラジオ、翌日の新聞で報道されました。

★運動のテーマソングCD完成、

★シンガーソングライター　きたがわてつの「そんな町を」。あつこ＆よっちゃんが歌っています。街頭で流しながら宣伝開始。

署名用紙あります。
連絡あればお届けします

★保育園、小・中・高など、学校や福祉施設へ署名のお願い訪問

５月 11 日から 16 日にかけ、勝平地域の保育園、小・中・高など学校、福祉施設、お寺など 15 箇所を訪問。市長への申入れ書や地域住民の声など資料を届け、署名のお願いをしました。多くの所で協力を頂きました。

５月17日の秋田さきがけで紹介された看板

★教育委員会が署名に圧力？

５月 16 日、訪問活動を終えた夕方、ある高校から電話が…。教育委員会から（イージスにかかわるな）の通達があり、署名の協力はできないとの返事。

ベニヤ大の立看板

会員の娘さん制作の看板

★署名・募金のお願いに、様々な反響

資金がゼロからの出発。活動募金の訴えも始めています。個人のつながりや団体へのお願いなど、いろんな場で訴えています。振り込み用紙も用意。会員のＡさんは、ワンコインでも、と幅広い方に呼びかけています。自分はなんにもできないが…と、ｏ千円もの募金が寄せられています。

自前の宣伝カー

★勝平地域に３枚の看板取り付け

寄せられた募金で、勝平地域に３枚の看板を立てました。そのうちの１枚は、会員の娘さんの作品で、厳しい表現の中にほのぼのとした感じが出ています。サイズは１８

イージス・アショアを　考える
勝平の会

「イージス・アショア」新屋勝平地区に
設置検討
平地域住
々な影響
を守る立
設置を許さ

イージス・アショアいらね〜！

イージスこなくてよかった！
6月25日河野防衛相が配備撤回表明

「勝平の会」シンボルマーク。9日付魁コラム「杉」で紹介されている。

このチラシはみなさんから寄せられた募金でつくりました。

防衛省

「新屋ありき」破綻
県民世論の前に　配備計画断念

「平和でのどかな秋田市のこの地を基地の街にしていいでしょうか」

（イージス・アショアを考える勝平の会）そんな思いでイージス配備撤回を求めて声を上げ続けてきました。６月15日、河野防衛大臣が突然「秋田と山口の配備計画の停止」を発表、21日来秋、知事や市長、新屋住民に謝罪しました。

その後25日正式に「配備撤回を表明」、計画を断念しました。配備撤回を求める動きは、新屋勝平地区振興会はじめ、住民のあきらめず粘り強い行動で全県各地に広まり、県民世論となって防衛省を追いつめ、配備計画断念となりました。秋田県の、日本の歴史に残る快挙です。

「勝平の会」
配備報道　直後からスタート

勝平の地でイージス配備撤回をもとめ、有志で始めた「勝平の会」の活動は、配備計画の報道直後からスタートしました。

全県的な配備撤回運動をすすめる「県民の会」にも加わり、地元からの情報を発信。毎週一回金曜日の朝、北都銀行割山支店前で幟をかかげたスタンディング活動（１２０回）、手作りの宣伝カーでの宣伝、配備予定地の山口をはじめ、県内や全国各地からの現地調査案内、弁護士会との懇談、日本母親大会や、広島の原水爆禁止世界大会での特別報告、さらに外国メディアの取材対応などの活動を続けてきました。

この間、新屋勝平地区振興会（１万３千人）の反対決議をはじめ様々な団体・個人が配備撤回を求め、運動の輪が大きく広がりました。県内で反対決議をあげた地方自治体は24自治体96％になりました。

こうした経緯の中で、この度の撤回に繋がる転機となった「事件」がありました。

昨年６月５日、防衛省調査報告の重大な誤りが秋田さきがけによりスクープされ、防衛省を驚愕させました。

その３日後、地元勝平コミセンで開かれた防衛省の住民説明会で全国放送されたあの「居眠り事件」が起き、再調査を余儀なくされました。それに追い打ちをかける３弾が７月の参院選。

安倍首相が２回も秋田入り、イージス配備を訴える異例の選挙戦。結果はイージス配備撤回を訴える野党統一候補が勝利しました。

★防衛省報告の誤り
　魁がスクープ
★勝平コミセン説明会で
　防衛省職員居眠り全国放送
★参院選　イージス
　配備撤回候補の当選

参院選投票前、ナイス前演説を応援する「勝平の会」員と統一候補の寺田静さん（NHKテレビから）

県民署名進むなか
知事、市長、自民県連も
防衛相に「新屋は無理」伝達

運動は全国に広まり、昨年10月「新屋配備撤回」の一致点での県民署名は県・市議会あてに４万筆あまり、うち「勝平の会」も３千筆あまりを集めました。２月６日、署名は新屋勝平地区振興会など各団体と一緒に県議会・市議会に提出しました。

この動きの中で知事、市長さらに自民党県連も河野防衛大臣に「新屋配備は無理」と伝える事態となりました。

２月６日加藤県議会議長に署名を手渡す県民署名の会

再調査　３度目の延期へて
配備撤回　表明へ

防衛省は再調査の期限を３月としていましたが、天候、コロナ問題などを理由に３度にわたり延期、その途中で配備撤回表明となりました。

その後安倍首相は６月18日の記者会見で、新たな「ミサイル防衛」計画の策定を表明、際限のない軍拡を続ける姿勢です。

「勝平の会」は、今後のこうした動きに注意を払いながら、配備撤回実現の時点で一区切りとします。これまでご支援をいただいたみなさんに心から感謝申し上げます。ありがとうございました。

イージス・アショアを考える「勝平の会」共同代表　近江（865−2577）　荻原（863−3563）　高坂（863−0735）　佐々木（862−0444）

2020年7月発行

2018年1月から北都銀行割山支店前で始めた「勝平の会」スタンディング→